AGRICULTURE MATÉRIELLE.

CANEVAS UTILE A L'AGRICULTURE,

PHYSIQUE, POLITIQUE, ET RELIGION.

MANUEL DES CURIEUX, ET DU LACONIQUE PHILOSOPHE.

PAR ADOLPHE AUBRUN.

Heureux le sage instruit des lois de la matière,
Qui du vaste univers l'embrasse tout entière,
Qui dompte et foule aux pieds de communes erreurs
Et par la foi du Christ calme toutes douleurs !

POITIERS,
CHEZ LÉTANG, LIBRAIRE,
RUE DE LA MAIRIE, 6.

1851.

AGRICULTURE

MATÉRIELLE.

CANEVAS UTILE A L'AGRICULTURE,

PHYSIQUE, POLITIQUE, ET RELIGION.

MANUEL DES CURIEUX, ET DU LACONIQUE PHILOSOPHIE.

PAR ADOLPHE AUBRUN.

Heureux le sage instruit des lois de la matière,
Qui du vaste univers l'embrasse tout entière,
Qui dompte et foule aux pieds de communes erreurs
Et par la foi du Christ calme toutes douleurs !

POITIERS,
CHEZ LÉTANG, LIBRAIRE,
RUE DE LA MAIRIE, 6.

1851.

AGRICULTURE

MATÉRIELLE.

Il n'y a dans le monde qu'une seule essence matérielle, laquelle essence est le feu ; cette essence matérielle est la seule matière. Matière.

Tous les êtres matériels du monde en sont composés. Composés matériels.

Les deux rapports matériels les plus difficiles à saisir, sont la raréfaction et la concentration de la matière, dont les deux extrêmes connus sont le feu et le platine purifié. Rapports matériels.

L'éclair sans bruit n'est autre chose qu'une fraction de matière relative, raréfiée au dernier degré de raréfraction, degré absolu, degré du feu : c'est-à-dire fraction de matière relative devenue fraction de matière absolue (1), laquelle retourne par concentration à l'état relatif. Éclair sans bruit.

L'éclair bruyant n'est autre chose qu'une concentration, qu'un reste concentré à l'état et au degré de fluide igné, plus pesant que l'oxygène, et très-pénétrant, résidu d'une matière moins divisée, moins raréfiée que la première. Éclair bruyant.

Quand la matière n'est pas ignée au degré absolu, mais à un degré relatif presque identique au premier, et qu'il est fait concentration de la matière ignée par une matière raréfiée à un moindre degré que les deux autres, on a pour reste la différence concentrée de la presque identité de l'absolu ; partie qui n'ayant pas la même vitesse, la même promptitude de concentration,

(1) Le mot absolu, se rapportant à la matière, est employé dans le sens du mot latin *simplex*, ou des expressions de matière première, matière élémentaire.

d'union avec la troisième matière, puisqu'elle était avant sa concentration moins subtile que la première et plus que la troisième, se trouve à son état concentré aussi pesante qu'un fluide igné très-pénétrant, et plus pesant que l'oxygène, dilate la matière jusqu'à son entière concentration, ou union avec cette matière, la dilate de la manière relative la plus puissante, avec la commotion la plus prompte, d'où résulte un très-grand bruit.

Tonnerre, ses effets.

Cette matière, que nous appelons le tonnerre, embrase les combustibles en leur communiquant son feu tout d'un coup, fond les métaux, déplace tout d'un coup d'énormes masses d'air, et ébranle ainsi les clochers et brise entièrement quelquefois les arbres, déplace et boule les eaux, sépare et met en pièces les corps creux où l'air qu'elle dilate est trop comprimé.

Pointes.

Si les arbres et les édifices élevés sont les objets le plus souvent frappés du tonnerre, si le fer et l'acier sont ses conducteurs favoris, le principe de ces faits est que la concentration qu'en font ces arbres et ces édifices, et qu'en font le fer et l'acier, est plus grande en proportion qu'ils sont plus concentrés, et que pour cette raison la masse du fluide igné, se trouvant par sa diminution plus légère, éprouve plus de résistance des autres côtés que du côté de ces objets, sitôt qu'il y a contact.

Courants d'air.

Quant aux courants d'air, le tonnerre s'y porte encore pour raison de moindre résistance.

Avalanche d'eau, grêle, neige, glace, etc.

Pourquoi le tonnerre est-il un fluide igné? Quand la concentration se fait dans le gaz oxygène, le résidu en est de l'oxygène concentré; d'où résulte une avalanche d'eau, ou de la grêle; mais, quand la concentration se fait dans le gaz hydrogène, le résidu en est de l'hydrogène concentré en ignition, ou fluide igné très-pénétrant.

La lumière, l'air, l'atmosphère, le calorique, le feu, l'eau, la terre, la pierre et les métaux ne sont que des composés de matière à un état ou degré plus ou moins concentré. L'espace même où le temps n'est, comme les autres corps, qu'un composé relatif de la matière absolue. Le bruit n'est qu'un corps qui nous frappe, et la vue que l'atteinte de la lumière.

Le principe de la fertilité de la terre est le nitre ou salpètre, qui, uni aux plus petites molécules des corps décomposés, sert avec ces molécules et l'eau à la formation des plantes. Si les molécules des corps ne sont point empreintes de nitre, ainsi que l'air et l'eau qui les pénètrent, elles ne sont qu'une vase, qu'un limon infertils, distincts du premier, quoique confondus sous la même dénomination de limon : dénomination préférée, vu que ces trois corps, quoiqu'ils soient bien distincts, ne pourraient cependant pas se désunir sans la moindre altération de leur composé, susceptible en ce cas de diminution, et vu que le nom de limon peut parfaitement convenir à leur union. Les diverses plantes, chacune selon sa nature et sa destination, élaborent cette homogénéité de manière à en faire, les unes du pain, du sucre, les autres du bois, du vin, et leur ensemble la diversifie en beaucoup de manières d'être, sans néanmoins en détruire le principe, qui renaît toujours de la décomposition de ces êtres. Le limon se combine avec l'eau, un de ses dissolvants, de manière à en faire même un dense fluide, et outre qu'il existe en plus ou moins grande quantité dans toutes les parties de la terre, il s'infiltre aussi avec l'eau à de plus ou moins grandes profondeurs, d'où l'absorbent les végétaux qui s'en forment, et le déposent à la surface du globe, où il est par ces faits en plus ou moins grande quantité. Si un vieux bois, où il y a eu beaucoup de feuilles qui ont subi leur décomposition, est une terre des plus fertiles pendant très-longtemps ; si une pièce de vieux genêts morts et décomposés sur le sol, est fertile pendant quelques années ; si une terre nouvelle, où toutes plantes sont bien décomposées, est fertile pendant quelques années ; si un vieux guéret de deux hivers et de deux étés, qui n'a point reçu

Limon

de labours contraires, et où toutes les plantes indigènes se sont par l'humidité bien pourries et décomposées, est fertile; si un sol sur lequel on a répandu du fumier, qui est une décomposition de corps végétaux, est fertilisé pour quelque temps; si une terre qui a reçu la décomposition d'un trèfle ou d'un colza, se trouve fertilisée pour un peu de temps, le principe de leur fertilité est le limon. Plus une terre a de limon, plus elle est fertile, pourvu qu'elle ne manque pas d'eau, ou d'atmosphère à l'état de fluide humide; car ce principe ténu, qui n'a d'autres véhicules pour les plantes que l'eau et l'atmosphère humide, ne peut sans eux être concentré en plantes : aussi, en ce cas, les plantes, dit-on, sont brûlées, sont échaudées, c'est-à-dire languissent et meurent desséchées avant terme. Les véhicules du limon sont l'eau, puis l'air.

Véhicules du limon.

Eaux limoneuses, urines.

Si les eaux troubles, bourbeuses, telles que le jus de fumier, les urines, les eaux corrompues, les eaux boulées de marnière et de terre en labours, fertilisent les prairies sur lesquelles on les fait couler et se décharger; si les fleuves, rivières et ruisseaux qui couvrent quelquefois leurs bords d'eaux limoneuses, sans emporter ces bords, les fertilisent, c'est qu'elles y déposent une partie du limon dont elles sont chargées; si les eaux des pluies, et même des courants d'eau pure quelconques, font croître les herbes, les blés et les fruits, c'est que sans fraîcheur ces herbes, blés et fruits ne peuvent concentrer de limon; si même les rosées des nuits font croître les plantes et fertilisent la terre, c'est qu'elles contiennent et entraînent avec elles du limon dont l'atmosphère était chargée. J'ai dit que l'atmosphère était chargée de limon : quels sont en effet les principes de toutes les odeurs quelconques, sinon des molécules de corps soit cadévéreux, soit de plantes aquatiques, ou de toutes plantes quelconques, ou de quelque autre corps? molécules qui, en touchant l'odorat, organe relatif à l'intelligence, ou par lequel elle perçoit, lui font encore con-

Exhalaisons.

naître le corps dont elles ont fait partie ; sous une autre dénomination que celle de molécules, exhalaisons qui causent quelquefois des désordres dans le monde, tels que peste ou maladies, quand il arrive que l'atmosphère est trop pleine de ces exhalaisons, et qu'elles y restent faute de corps qui les transforment. Les anciens avaient coutume, pour détruire la peste, quand elle était dans une ville, d'allumer des feux sur les places publiques, dans les carrefours et les rues ; c'était un bon moyen, parce que le feu, qui est le plus puissant diviseur des corps, en divisant l'air jusqu'à l'enflammer et à ne faire ensemble qu'un seul corps en parfaite union de nature, anéantit ainsi quelques parties des exhalaisons pernicieuses, la matière du feu étant la plus inaltérable. L'atmosphère qui ne couvre que des landes et marais, et pleine de leurs exhalaisons, ainsi que la terre puante de ces lieux, se désinfecte par la culture et en y élevant des bois soit de bouleaux, trembles, pins et autres. L'usage d'élever des peupliers, ormeaux, noyers ou autres arbres près des cimetières, exploitations rurales et habitations, est pour cette raison un fait de désinfection très-salutaire.

Peste.

Feux.

Désinfection de l'air.

Abordons de suite le problème le moins compris des agriculteurs, qui est de savoir si, ou plutôt comment la terre s'épuise par des récoltes réitérées? Rappelons-nous qu'une terre ne donne qu'en proportion du nitre, du limon qu'elle contient à sa surface. N'oubliant pas que les véhicules du limon sont l'eau, puis l'air, disons avec assurance que le limon s'élève ou s'abaisse avec eux à la surface de la terre. Qui n'a jamais entendu parler d'îles flottantes et surgies tout d'un coup? qui n'a jamais vu la vase des marais, même des étangs, monter à la surface des eaux? Le limon s'élève avec l'eau du sein de la terre à la surface, parce que l'eau qui le tient en dissolution, au fur et à mesure qu'elle s'élève de couche en couche de la terre jusqu'au sommet, dilatée en plus ou moins grande quan-

La terre s'épuise-t-elle?

tité par la chaleur, l'élève de même; et c'est pourquoi une plante qui ne manque ni de l'un ni des autres, à l'état de dissolution limoneuse, prend beaucoup de développement. Quant à l'ascension de la sève des plantes, tout se passe de la même manière : le limon s'abaisse à la surface de la terre avec l'eau de pluie, ou la rosée des nuits, à l'état d'une poussière blanche impalpable, mais sensible à l'œil et au goût. Les rosées blanches que l'on voit, les matins et les soirs, répandues sur la surface de la terre, et surtout sur les prairies, les fonds et les vallées, les bois, les rivières, étangs et ruisseaux, parce qu'ils en condensent plus que les terres sèches, par leur plus froide atmosphère, ne sont pas seulement de l'eau, puisqu'elles laissent souvent sur les plantes et la terre un limon, ou poussière blanche impalpable, mais visible, et qui a un petit goût de salpêtre. Le limon rentre dans la terre par l'infiltration de l'eau, et lorsqu'il est concentré en corps fossils quelconques. Quant aux profondeurs de la terre dont le limon peut sortir, comme celles où il peut rentrer, nulle ne peut faire exception aux règles premières. Le principe fertile étant connu, on trouve facilement la solution du problème si répété : « Comment la terre peut-elle s'épuiser? Agriculteur intelligent, sache connaître l'état de fertilité de ton champ, vu son repos, ses productions, les labours, les marnes et les engrais dont tu l'as déjà couvert, dont tu veux le couvrir, avant d'accomplir le dessein de lui confier tes graines, et d'en attendre trente pour un, si tu ne veux pas trop risquer de faire de chétives récoltes, de tomber dans l'erreur, le découragement, même de t'appauvrir par ton travail. » Il lui faut seulement du limon : le soleil fera le reste; mais comment le faire, ce limon, comment connaître la quantité qu'il en faut à chaque plante, et celle qu'un champ peut avoir, recouvrer ou perdre en ses différents états? Quand on dessèche un étang vaseux de brandes, et qu'on le cultive un an d'intervalle entre la récolte et l'ensemencement, la première récolte

Ascension de la sève des plantes.

Effets des fonds, vallées et grands étangs ; même voisinage, mêmes résultats que les forêts.

est magnifique, la seconde très-belle, la troisième bonne, la quatrième chétive, et, enfin, il vient au point de ne plus rien donner. Il en est de même d'un bois défriché, cultivé de la même manière; ses premières récoltes sont très-bonnes, puis les récoltes subséquentes diminuent peu à peu; un écobuage ne donne que trois belles récoltes. Toutes terres sablonneuses, graveleuses, rocailleuses, et celles pleines de silex et de granit, ne donnent que trois bonnes récoltes en six ans; il leur faut au moins six ans de repos pour les faire donner abondamment de nouveau. Les terres calcaires dites terres fortes, difficiles à labourer, sont celles qui donnent le plus longtemps, mais finissent par faire comme les autres, c'est-à-dire par donner très-peu ou pas du tout. Pourquoi ce fait bien prouvé en agriculture? C'est que, dans cinq, dix, quinze, vingt ou trente années, par des labours mal appliqués, des récoltes annuellement ou tous les deux ans réitérées, même binées, on ôte au sol plus de limon qu'il n'en reçoit. Puisque trois récoltes consécutives, ou un nombre déterminé de récoltes suffisent pour enlever à une terre son lait maternel, c'est-à-dire son limon, son principe de fertilité, on peut connaître sur la dépouille ou récolte d'un champ l'engrais qu'il faut y retourner pour le maintenir fertile. Un hectolitre de froment suffit pour ensemencer un hectare de terre fertile, et la récolte doit être de trente pour un, ou trente hectolitres du poids de soixante-quinze kilogrammes l'hectolitre, dont le total fait deux mille deux cent cinquante kilogrammes de grain; en portant le poids de la paille à quatre mille cinq cents kilogrammes, c'est-à-dire double de celui du poids du grain, le pur limon métamorphosé en paille et grain s'élève au poids de six mille sept cent cinquante kilogrammes. Il faudra que ce champ, pour ne rien perdre ou ne point s'épuiser, recouvre peu à peu, ou tout d'un coup, ce même poids de limon. Le limon qu'il faut à une plante est le poids de cette plante à l'état de dessiccation. La quantité de limon qu'a un champ fertile est le poids de trois abondantes récoltes, ou vingt mille deux cent cinquante kilogrammes par hectare. Un champ a besoin d'un entier repos (1) de six années consécutives, à part des six années qu'il faut pour préparer et faire le guéret des trois récoltes, ainsi que pour les recueillir; total de temps de douze années, qui réduit la production cultivée, sans mauvais labours, à un quart de temps naturel : le limon que peut recouvrer un champ, en ne le recevant à sa surface que naturellement, égale la production d'un à quatre, où est une copieuse récolte et non indigène en quatre ans, laquelle récolte, étant du poids de six mille sept cent cinquante kilogrammes par hectare de terre fertile, a pour quart mille six cent quatre-vingt-sept kilogrammes cinq hectogrammes, récupération ou recouvrement annuel ordinaire de limon par hectare de terre. Cette récupération ou recouvrement annuel ordinaire de limon égale le poids du produit annuel indigène. Quant à ce qu'un hectare de terre fertile ensemencé sans mauvais labours perd annuellement de limon, cette quantité est mille six cent quatre-vingt-sept kilogrammes cinq hectogrammes, multipliés par quatre années, sauf à ajouter au produit six mille sept cent cinquante kilogrammes, le poids du limon qu'auraient entraîné des eaux surabondantes, ainsi que le poids de limon des récoltes secondaires qu'on y aurait prises dans l'année.

Repos.

Il s'agit de savoir maintenant si un agriculteur doit faire son agriculture d'après le principe établi du repos de la terre. Agriculteurs avares, agriculteurs pauvres, le principe du repos de la terre est pour vous de rigueur. Vous ne voulez, vous ne pouvez rien mettre dans votre terre; outre vos grains, vous vendez jusqu'à vos chaumes, vos pailles, vos foins et même vos fumiers; votre besoin ou votre avarice vous fait vendre

Avarice, pauvreté, leurs mauvais effets.

(1) Un entier repos pour la terre est une suite consécutive de bons labours donnés pour y détruire toutes espèces de plantes ou productions.

jusqu'au dernier de vos arbres; vous n'avez de cheptel que quelques chétifs animaux, dont vous vendez toujours les meilleurs; après avoir épuisé votre terre jusqu'au dernier point, vous la vendez, parce que vous ne pouvez plus en tirer d'autres produits que son prix. Si le caractère du pauvre était de trempe à ne pas satisfaire par le moyen le plus facile le sentiment du besoin; si un avare était de caractère à modérer sa passion d'avarice, le temps et le travail seuls suffiraient pour fertiliser leurs champs. Mais ce n'est point du tout à de tels gens qu'il faut parler d'une agriculture raisonnée; c'est seulement aux agriculteurs aisés et intelligents qui forment la base matérielle de la société humaine, les hommes riches et opulents devant par devoir occuper les emplois protecteurs de cette société. Le bon agriculteur, soit qu'il donne à la terre du repos ou du fumier, échangera toujours avec le commmerce et l'industrie de beaux et nombreux produits de son fonds fertilisé. Il ne faut pas oublier que ce serait en vain que l'on prétendrait faire un bon agriculteur, si l'on manquait d'aisance, et mieux vaudrait pour tout le monde ne jamais y penser. Il est encore indispensable de travailler pour son compte, pour avoir en soi le moteur de la plus grande attention. Les matières les plus en usage pour fertiliser la terre sont les marnes, fumiers, cendres, plâtres, décompositions végétales, qui toutes contiennent, font ou ramassent plus ou moins de limon; toutes sont coûteuses et d'un effet non toujours durable. Il faut un cheptel d'un grand prix, sur lequel, loin de gagner toujours, les propriétaires mêmes les plus habiles font souvent des pertes. Les instruments aratoires s'usent, la main salariée coûte toujours plus qu'elle ne produit; l'impôt doit se payer. Il arrive même quelquefois que le producteur est obligé de vendre ses denrées moins qu'elles ne lui ont coûté.

Mode d'exécution. Décompositions, leur effet

Le savoir et l'avoir d'un agriculteur reconnus suffisants, quel doit être son mode d'exécution? Sachant que toute espèce de décomposition végétale et animale produit continuellement du nitre et limon tant qu'elle n'est pas absolument terminée, et qu'il reste quelques molécules de corps qui la subissent, il n'épargnera dans ses terres ni le fumier ni le terreau.

Labours de printemps et d'automne.

Sachant que le nitre et le limon flottent dans l'air à l'état volatil et s'attache partout, mais surtout de préférence aux endroits toujours frais et humides, il tiendra toujours ses terres en cet état par des labours de printemps donnés jusqu'à la mi-juin, et en été par un temps de pluie fine et tranquille, après que la terre est trempée à fond, s'il veut absolument y toucher.

Brouillard ou eau tombée sur du fumier épandu avant, et enfoui après l'eau.

Si même en un beau jour d'automne, saison des sentiments de satisfaction et de joie mélancoliques, et d'espérance inquiète, ta terre, ô laboureur content! déjà couverte de ton fumier et de tes semences, mais gisantes encore nues sur elle, est inondée tout d'un coup par l'eau d'un brouillard inattendu, que cette désagréable surprise ne t'attriste point; mais, sans sortir du champ, continue de couvrir ce grain sous la terre encore toute rouge du lavage de ton fumier, et ta terre a dès lors, ou acquerra suffisante quantité de limon pour que cet endroit soit le plus beau et le meilleur de tes moissons; et rappelle-toi toujours que ce nitre ou limon qui flotte dans l'air, et qui s'attache de tous côtés, s'amasse en plus grande quantité dans les endroits où sont des urines, fumiers ou autres décompositions de ce genre.

Façons sèches, leur mauvais effets.
Effets des vents chauds.

Sachant que le nitre et le limon se volatilisent, quittent la terre avec l'eau, par l'effet des grandes chaleurs, et se perdent dans l'espace, ou sont déplacés et emportés par les vents sur les terres voisines, il ne façonnera jamais ses terres pendant les grandes chaleurs de l'été. Le paysan laboureur sait par expérience qu'il ne faut point labourer la terre pendant les chaleurs. Les raisons qu'il en donne sont qu'il n'y fait point de guéret, vu qu'étant sèche, la terre est rebelle à l'instrument aratoire; qu'il la gâte, qu'il met le feu dedans et que, quoiqu'il parvienne à la réduire et la mettre en guéret des mieux préparés en apparence, il n'y vient rien. Cet assemblage de raisons, expression confuse de la vérité, a besoin, pour être conçu, d'un principe certain ; et ce principe est le dégagement, l'évaporation ou dilatation du nitre et limon par la chaleur, dégagement que l'on rend encore plus facile en exposant sa terre à la chaleur, qui lui enlève toute fraîcheur et l'empêche, en cet état, non-seulement de former du limon, mais lui enlève, par sa continuelle et plus grande perméabilité de l'air et ardeur du soleil, beaucoup du limon qu'elle pouvait avoir et qu'elle aurait certainement concentré et retenu de plus en plus sans des labours mal appliqués.

Façons de printemps et d'automne.

Façon donnée avant les grands froids.

Il ne craint point de façonner sa terre tard et de bonne heure pour la laisser tranquille en été ; il sait qu'une bonne façon, donnée avant les fortes gelées de l'hiver, fait plus de guéret, occasionne plus de décomposition, et développe plus de limon que toute autre façon, et vaut presque toutes les autres, vu le grand ameublissement de la terre par les fortes gelées.

« J'aime des hivers secs et des étés humides :
» L'été, des sillons frais, l'hiver, des champs arides,
» Sont un garant certain de la fertilité. » D.

« *Humida solstitia atque hiemes orate serenas.* » V.

Ensemencement tardif.

Il sait semer tard, et même encore du froment à Noël quand sa terre ne craint pas l'eau et qu'un temps doux ne pronostique pas de prompts et grands froids.

Ensemencement hâtif.

Il sème de bonne heure, et même dès le 15 septembre, ses terres à froment qui deviennent inabordables dès les premières pluies d'automne.

Semis clair.

Il préfère toujours un semis clair à un semis épais, parce qu'il est sûr qu'il manquera moins vite de limon, moins exposé à passer dans des avortons de tiges.

Eaux superflues.

On ne voit jamais, en quelque saison que ce soit, d'eaux superflues en ses guérets; il a l'art, et prend soigneusement la peine de les en tirer par tous moyens quelconques, de les conduire, lâcher et répandre où bon lui semble, quand il le peut, et de les faire tomber çà et là dans les réservoirs qu'il a pris la peine de leur creuser pour qu'elles s'y clarifient, et par ce moyen retenir au moins la partie la plus grossière des corps en décomposition et du limon que ces eaux entraînent habituellement avec elles. Cette précaution, outre son autre avantage, est la clef en poche du laboureur des terres et endroits mouillés qu'il peut alors labourer en toutes circonstances, selon qu'il le juge nécessaire, sans être obligé d'attendre souvent avec impatience et perte d'un temps précieux qu'un grand hâle, ennemi de la fertilité, les ait mises à sec. Quant aux eaux entièrement dégraissées qui s'échappent de landes ou sols infertiles, sachant que leur surabondance emporte beaucoup de limon, il sait aussi leur faire un fossé d'écoulement pour empêcher les dégradations qu'elles pourraient faire.

Toutes les plantes n'épuisent pas la terre de la même manière, ni autant les unes que les autres.

Il a appris que toute récolte, sans exception, prend sur une terre un poids de limon égal au poids de cette récolte sèche; mais il est bien loin de croire que toute plante lui en soustrait une quantité égale en poids, quoique cette soustraction semble de fait. Pourquoi, après une belle récolte de colza, est-on sûr d'une belle récolte de froment, qui eût été médiocre avant le colza? Parce que le colza, par la continuelle fraîcheur de ses feuilles épaisses et touffues qui concentrent les fraîcheurs et rosées des nuits et les font tomber sur la terre, qui s'en empare, et dans laquelle leur ombre les retient et les fixe, malgré vent et soleil, par la prompte décomposition sur le lieu de ces mêmes feuilles, par sa racine pivotante, fait faire, apporte et laisse réellement à la surface de la terre plus de nitre et limon qu'elle n'en avait avant lui et qu'elle n'en eût fait sans colza. Il en est de même des trèfles, luzernes et prairies, même des arbres et arbrisseaux, dont souvent beaucoup de profondes racines extraient la plus grande partie de la matière dont elles se forment, s'ornent et se dépouillent du sous-sol de la terre.

Appauvrissement du sous-sol, par les arbres, la vigne et la luzerne.

S'il plante un arbre ou sème un bois, ce ne sera point sur les racines encore apparentes d'un autre arbre ou d'un autre bois détruits depuis quelques années ; s'il arrache une luzerne, il ne la refera point quelque temps après, et il ne plantera point le jeune sarment à la place du cep qui l'a produit ; car il sait que le sous-sol, appauvri par des plantes séculaires, qui en ont tiré d'énormes masses de limon, ne pouvant réparer ces pertes qu'au moyen du repos, reste très-longtemps beaucoup moins fertile qu'il ne l'était avant sa perforation en tout sens par les racines innombrables de ces plantes. Quand il abrége le temps d'un très-long repos, c'est seulement pour les terrains dont le sous-sol est très-riche et inépuisable, et pour les terrains sablonneux et légers, dont le dessus se prête plus facilement que celui des terrains gras à l'infiltration de l'eau, qui enfonce avec elle dans le sous-sol une partie du limon que les arbres avaient monté à la surface de ces terrains.

« Mais si ton sol ingrat n'est qu'une faible arène,
» Qui perd vite l'excès de sa fécondité. » D.
« *Hic sterilem exiguus ne desat humor arenam.* » V.

Caractère du bon agriculteur.

Devant toujours agir d'après une foule de diverses circonstances, de temps, de lieux, d'événements incertains, un véritable agriculteur doit être d'un caractère au-dessus de toute fantaisie, et doit toujours juger des divers modes et méthodes par l'art, et ne point, en ignorant tâtonneur, soumettre l'art à la méthode, ni, à contre-sens, préférer la méthode à l'art. En examinant la méthode de mettre ses labours à plat, on voit de suite qu'elle est en désaccord avec le principe. Elle est la moins propice à l'écoulement de l'eau surabondante qui détruit complétement la plante en huit jours, beaucoup plus promptement que ne le fait la chaleur. Ces eaux et l'excès

Labours à plat

d'air dont est imbibé, pénétré, détrempé tout le guéret, en enlèvent beaucoup de nitre, tant par leur évaporation que par leur infiltration.

« De leurs dormantes eaux délivre les guérets. » D.

« *Collectum humorem bibula deducit arena.* » V.

Sillon. La méthode sillonnée à trois profonds labours est meilleure, parce qu'elle offre toujours un sillon à l'écoulement de l'eau. Le sillon de la première façon, que l'on donne par le tiers de la laize, et avant ou après les fortes gelées d'hiver, et qui s'appelle ouvrir la terre, parce qu'effectivement ce premier sillon est la première fente qu'on lui fait, et qu'il sera encore le sillon de l'ensemencement, jetant presque tout le chaume et les mauvaises graines dans l'ancien sillon, auquel on ne touche plus du tout, prête beaucoup à leur décomposition. Le sillon de la seconde façon, que l'on appelle lever ou fendre la grosse côtière ou le gros côté, sans déranger l'ouvrage de la première façon, ébranle fortement la terre, d'où résulte un guéret suffisant pour semer, quand des temps contraires aux labours ne permettent pas de lever ou fendre la petite côtière ou le petit côté : alors le sillon de l'ensemencement, au lieu d'être tracé dans le sillon de l'ouverture, se trouve être celui de la levée de la petite côtière ou du petit côté, et tracé un peu plus près de l'ancien sillon que celui de l'ouverture, sans néanmoins déranger aucune partie des chaumes et grains qui s'y pourrissent. Ces trois façons, données en temps et avec un instrument aratoire convenables, sont les plus propices au développement du limon, parce qu'elles écoulent les eaux surabondantes ; parce qu'elles remuent assez la terre pour lui faire prendre du limon, et ne la bouleversent pas assez pour lui en faire perdre beaucoup ; parce qu'elles favorisent la décomposition des chaumes et graines des plantes indigènes. On

Vieux guérets. acquiert le premier degré de perfection de cette méthode, en laissant ensuite sa terre sans l'ensemencer à l'automne suivant, mais pour l'ensemencer à l'automne d'après l'automne suivant. Avant, pendant et après l'hiver qui s'écoule entre ces deux automnes, on y fait pacager le brebiage; l'on donne, au printemps, un labour en long comme le premier, puis deux par le travers et à petits sillons et petites laizes, et la récolte, sans épuiser la terre, sera certainement très-abondante. Tous les agriculteurs, bons et mauvais, anciens et nouveaux, vantent avec raison les effets des vieux guérets.

« Veux-tu que tes guérets comblent tes vœux avides,
» Par les soleils brûlants, par les frimas humides,
» Qu'ils soient deux fois mûris et deux fois engraissés,
» Tes greniers crouleront sous tes grains entassés. » D.

« *Illa seges demùm votis respondet avari*
» *Agricolæ, bis quæ solem, bis frigora sensit;*
» *Illius immensæ ruperunt horrea messes.* » V.

Mille-pieds.

Il est un petit ver blanc de la famille des mille-pieds, qu'il ne faut négliger en rien de détruire. Le mille-pieds s'élève dans les pailles, pelouses, bourriers et fumiers mal pourris, mal décomposés, et s'il n'est pas détruit avant l'ensemencement, il ne laissera point de blé; il en coupe le brin, ou en ronge les racines dès qu'il commence à lever, et continue ses ravages jusqu'à sa maturité. Les moyens de le détruire et de l'empêcher de se propager sont des labours et des ensemencements faits par une température froide, et les vieux guérêts. Mais si l'on sème ou si on laboure la terre sèche, ou pendant les chaleurs de l'été, ou par une température chaude, on ne le détruit nullement : d'où l'on doit toujours préférer les fumiers les plus vieux, les plus pourris; le vent nord à tout autre; les labours, les apprêts, et les semailles du soir après trois heures, pour n'enfouir qu'après le froid de la nuit, qui, s'il ne détruit pas tout à fait l'insecte, obligé de sortir de sa demeure détruite, l'engourdit de manière à le faire périr quand on em-

Vieux fumiers.

pêche son dégourdissement par les rayons du soleil, en l'enfouissant le matin avant neuf heures. Quand le temps est au froid, ou que l'automne est à sa fin, ces précautions deviennent inutiles.

Enfouissement des plantes.

Toute graine doit être enfouie de manière à ce qu'étant une fois, elle et son germe, en contact avec le limon de la terre, ils ne puissent être subitement desséchés par les ardeurs du soleil, et soit que la plante trace ou qu'elle pivote, elle suit ensuite sous terre, comme sur terre, tous les mouvements d'ascension droite ou oblique de la matière dont elle se forme. Ce serait une erreur grossière de croire que la sève des plantes a un mouvement rétrograde; pas plus à l'écorce qu'au cœur, la sève des plantes ne descend pas. Les plantes n'ont encore ni pompes ni suçoirs ; elles n'ont que des tubes et pores par lesquels monte le limon qu'elles concentrent ou élaborent soit à l'intérieur, soit à l'extérieur de la terre. Rappelons-nous bien ici que le nitre, limon et salpêtre, existe dans la terre de la même manière qu'à la surface de la terre, c'est-à-dire tantôt fixé et corporifié avec d'autres corps, et tantôt à l'état de limon. C'est toujours en ce dernier état volatil qu'attiré en filets infiniment plus petits d'abord que les cheveux les plus fins, il se vient concentrer à la racine de la plante. Cette racine l'attire et le concentre par sa fraîcheur, et la partie la moins grossière s'infiltre et monte par ses veines et pores ; la partie la moins déliée forme un augment au bout de cette racine, augment qui en a dès lors la forme et la nature, s'allonge, se grossit et se divise en une infinité d'autres racines, qui se forment toutes de la même manière.

Formation des racines des plantes.

Formation du sang animal.

L'hydrogène calorique, ou feu plus ou moins concentré par tous les corps, met en mouvement perpétuel le sang animal de la même manière que la sève des plantes. Le limon dont ils sont formés tous deux est le même. C'est en se raréfiant dans le corps animal que la partie la plus délicate du limon des corps étrangers absorbés, suit les plus petits vaisseaux, veines et pores, et que la partie la plus grossière de ces mêmes corps se précipite par les plus larges voies, ou intestins. Il ne faut pas craindre de dire que l'organisation animale tire son calorique de l'air qui gonfle *secondairement* ses poumons (1); car ce n'est qu'après que le sang s'est emparé d'une partie de son hydrogène qui se disperse, et se perd enfin avec lui par ses pores, que les poumons renvoient le reste, qui n'est presque plus que de l'oxygène ou de l'eau, ce qui peut s'expliquer au moyen d'une glace sur laquelle on souffle. Toute la térapeutique consiste à donner de l'hydrogène au sang ou aux parties malades, ou à leur en ôter, comme on en ôte ou qu'on en donne à l'eau pour l'évaporer ou la condenser. La maladie la plus dangereuse de toutes et la plus commune à tout le monde est la pleurésie, parfaitement caractérisée par le nom populaire d'échauffure et refroidissement. Une personne fait-elle de grands efforts, ses poumons travaillent l'air, comme le reste de son corps travaille l'objet de sa lutte, et enflamme ainsi tout son sang qui bouillonne, et le danger, la maladie, sinon la mort, est près d'elle, si en cet état elle va se jeter à l'eau froide qu'elle convoite, ou se livrer au repos en plein air, ce qui produit le même effet; c'est alors que tôut son calorique ou hydrogène, au lieu de se répercuter (s'il était possible qu'il existât quelque genre de répercution), ce qui produirait une plus grande chaleur externe, s'échappe en trop grande quantité, et presque tout par les pores alors élargis par la sueur, pour s'unir à l'eau ou à l'air, avec lesquels il se trouve plus librement en contact que d'ordinaire, et le concentrent pour cette raison plus vite, ce qui détruit spontanément les proportions des parties constituantes du sang, qui n'est plus, au bout de quelque temps, qu'un oxyde noir, c'est-à-dire matière en

Térapeutique.

Pleurésie.

(1) *Secondairement* est mis ici par rapport à la pneumatologie de l'âme.

carbonisation, ou décomposition qui obstruera bientôt tous les passages, si on ne l'en tire et l'en ôte à temps par la saignée, ou si on ne parvient à lui rendre son hydrogène. Après la saignée faite de suite, ce qui est tout le meilleur remède, il n'est rien de mieux imaginé, pour remédier à ce redoutable accident, que certaines pratiques qui paraissent au premier coup d'œil pour le moins singulières : quelques malades s'enveloppent dans une peau de mouton toute chaude et encore toute fumante du sang de l'animal ; d'autres, d'un seul coup de couperet, fendent en deux une ou deux poules, qu'ils appliquent incessamment, chair et sang fumants, sur l'estomac ou le front, ou une au bout de chaque pied du malade ; d'autres s'enterrent tout vivants dans le fumier d'une bergerie. Tous ces procédés certainement térapeutiques ne font que communiquer au sang, sinon encore complétement décomposé, du moins en décomposition, le calorique animal ou hydrogène qu'il a perdu, et dont il a besoin pour rétablir ses parties constituantes en proportions nécessaires, et reprendre ou continuer son cours, rétablissement qu'on pourrait également obtenir, tant pour les hommes que pour les animaux, par une foule d'autres procédés. La saignée tardive ne fait qu'ôter ce qui reste de sang hydrogéné, et tue définitivement le malade. Toutes les boissons spiritueuses et légères, l'air sec et chaud, l'eau chaude, le feu, et toute espèce de mets pris chauds, augmentent la température ou hydrogène du sang, ainsi que les substances qui contiennent beaucoup d'hydrogène, tels que le sucre et autres. Des maladies provenant d'une trop grande quantité d'hydrogène doivent être les suivantes : ivresse, combustion spontanée, suette, inflammation, gangrène, amour, hydrophobie, folie, éthisie, apoplexie, épilepsie, vérole, asphyxie, fièvres, choléra-morbus, faim, soif; et de celles provenant d'un manque d'hydrogène doivent être l'hydropisie, le scorbut, les écrouelles et toutes espèces de refroidissements occasionnés par des humeurs ou matières manquant de calorique, soit pour l'avoir perdu ou échappé trop vite sans pouvoir s'échapper avec lui, soit pour n'en avoir jamais eu assez dès leur principe. L'organisation humaine ne peut s'entretenir ni d'hydrogène pur, ni d'oxygène pur, qui, l'un et l'autre, la détruisent : il lui faut un limon approprié tout comme aux plantes, limon dont elle se forme aussi elle, et qu'elle finit aussi elle de perdre par ses pores et dépouilles. S'il arrive qu'on se brûle, la brûlure, exposée immédiatement au contact de l'air, se remplit d'eau; mais si on a soin de la préserver totalement du contact de l'air, elle cause une douleur semblable à celle du feu, mais la brûlure ne se remplit pas d'eau : la simple explication de ce fait est que cette eau n'est plus que du sang privé de son hydrogène, qui s'est uni spontanément à l'air avec celui qui en a élevé la température, eau qui, moins subtilisée que son hydrogène, se rend de suite à la peau, où l'air la condense; sans le contact immédiat de l'air, l'élévation subite de la température du sang brûlé ou échaudé n'eût pu causer désunion que par la combustion. L'inflammation résultant d'une brûlure à laquelle on n'a pu porter tous les soins nécessaires provient de ce qu'alors une grande partie du calorique surabondant du corps s'y porte, comme vers toutes les autres plaies, parce qu'il s'échappe moins difficilement de ces côtés affaiblis que des côtés les plus solides; c'est alors qu'il faut d'abord diminuer, par tous les moyens possibles, le calorique surabondant du corps et des plaies, puis ensuite lui opposer de ses faibles côtés une résistance égale à celle des autres côtés solides, au moyen, par exemple, d'une compresse toujours bien imbibée de graisse douce de veau, ou toute autre substance d'une perméabilité non entièrement invincible au calorique, mais fortement adhérente aux plaies. Quant au reste du limon surabondant des plaies, qui a coutume de former des excroissances de chairs baveuses, dites chairs bâtardes, il faut en retrancher le su-

Brûlure.

Plaies.

perflu, autant que l'on peut, par l'usage de mets moins nourrissants et une diète raisonnable; la graisse douce de veau en comprimera bien plus facilement le reste, qui suffira toujours pour bien fermer et raffermir parfaitement les plaies. A voir certains traitements des fous, on penserait sans témérité que la société les renonce pour des êtres humains, tandis qu'il ne s'agit que de leur rafraîchir un peu le sang; c'est pourquoi peut-être quelques lavements froids et quotidiens suffiraient. Oh! qu'elle serait belle la découverte de celui qui guérirait infailliblement de la plus cruelle des maladies, ou ardeurs de la rage! Et cependant l'attention dit encore qu'il faut rafraîchir le sang. Si l'habitant des campagnes porte son attention sur les habitudes de son chien fidèle, il le verra enrager de faim, de soif, pour manger habituellement de la chair des animaux crevés dans les fermes, pour avoir été mordus d'autres animaux enragés; mais enrage-t-il, il le verra infiniment plus prompt, plus caressant, plus vif, les yeux plus flamboyants; enragé, il le verra, craignant encore l'ascendant de ses maîtres habituels, aller lacérer tout le voisinage et se jeter sur tous les autres animaux comme pour les manger tout chauds et tout vivants, ou se désaltérer de leur sang, ayant en horreur toute autre nourriture, et même ne pouvant ni boire ni manger, tant est vive la douleur que lui fait éprouver la chaleur interne de son sang écumant par son union subite avec l'oxygène des corps froids; il le verra toujours se reposer solitairement au frais des arbres ou des eaux; il le verra sujet à deux espèces de rage, dont l'une lui contourne la gueule, de manière à ce qu'il sente son impuissance de pouvoir mordre en cet accident; il en verra un mordu et enrager promptement; il en verra un autre, quoique souvent mordu, ne jamais enrager : de ces derniers sont toujours ceux qui, par instinct, vont d'eux-mêmes se mettre à l'eau froide, nager et bien se laver de suite après avoir été mordus par les chiens enragés, que d'ordinaire

Folie.

Rage.

ils combattent. On pourrait presque assimiler la rage à l'excès du vin, dont le premier degré de calorique est la volupté, et les autres degrés le délire et souvent la fureur. L'intelligence animal, dont le physique est le plus souvent attaqué de ce mal, dit assez clairement, par tous ces faits parfaitement d'accord avec le principe, qu'il faut en ce cas un rafraîchissement excessif et très-douloureux par tout le corps, les boissons les plus froides, les bains continuels les plus froids possibles, les lavements excessivement froids surtout; et en un mot, la plus grande soustraction possible de calorique, excepté l'extinction ou la mort, par tout moyen possible, soit par les urines ou les sueurs, soit même par la brûlure à l'eau chaude d'une partie considérable du corps, y compris la morsure, pourraient peut-être opérer la guérison de la rage. Pour le développement des germes des plantes et animaux, ce qu'il y a de bien établi, c'est qu'il leur faut du calorique et du limon. Quant aux causes des formes de ces germes, *voir* la génération de l'âme, page 56. Si dans les formes de ces germes se trouvent quelques vices externes, habituellement dits de frayeur ou d'envie, on peut encore les attribuer à l'effet d'une désorganisation spontanée opérée sur eux-mêmes ou sur leur enveloppe matérielle, et les en considérer comme les suites accidentelles, désorganisation matérielle produite soit par contraction, perte, ou choc percussif violent de calorique, qui, s'il ne détruit pas entièrement la partie frappée, suffit pour imprimer sur cette partie du délicat fœtus le principe de la forme et de la couleur de l'objet qui a été le type de la percussion : le fœtus, dans ses adhérences à son enveloppe extrinsèque, devant en subir les altérations. Quand on parle par simple et aveugle conviction, c'est-à-dire privé des immenses ressources de la science, il est prudent de laisser à chaque compétence le débrouillement des fils du nœud qu'elle étudie, et de terminer une trop longue digression peut-être par la plus courte et la plus petite des réflexions : pourquoi une petite

Développements des germes, et causes de leurs formes.

Envies des femmes.

que les autres, et d'une nature qui exige plus d'engrais; d'où il résulte que les arbres qui sont sur les bords des vastes bois et que les arbres qui se trouvent dans les terres en culture croissent plus promptement que ceux du centre des forêts, parce qu'ils ont plus de limon : si toutefois ces arbres sont également partagés quant à tout le reste. Si les arbres des vallées croissent encore promptement, et si la terre des vallées est plus fertile que celle des plaines et endroits élevés, c'est

Endroits élevés.

parce qu'il s'y abat plus de limon. Quand la terre limitrophe des bois est à leur nord, ils y font un peu moins de mal, ainsi qu'aux vallons, vallées et coteaux toujours frais; mais malheur à celle qu'enflamment les rayons du soleil; le voisi-

Arbres épars.

nage des bois l'appauvrit presque entièrement. Il faut cependant, dira-t-on, un châtaignier, un noyer, un cerisier, etc., et même un chêne dans son champ, et on ajoute que la récolte qu'il ombrage n'en est que plus belle. Élève, élève des arbres, sage agriculteur; les belles productions que tu recueilles sous quelques arbres épars, et placés à de grandes distances les uns des autres dans tes champs, sont même un commandement d'en élever de cette manière; ils absorbent du limon, il est vrai, mais ils l'y retiendront, ils l'y laisseront, et peut-être même de celui du champ du voisin avec, tant par leur fraicheur que par la dépouille de leurs feuilles et fruits,

Buchettes.

et par le lavage de l'arbre entier par les pluies. On ne manquerait certainement pas de qualifier de bizarre celui qui, pour fertiliser son jardin ou son champ, en couvrirait la surface de petits morceaux de bois ou buchettes, ou de branches d'arbre jetées çà et là par petits monceaux, et cependant ce si simple procédé fertilise beaucoup la terre; pourquoi? parce que le nitre et le limon flottant dans l'air s'attachent de tous côtés à ce bois, qui par les lavures de l'eau les rend ensuite à la terre.

Céréales sans guérets.

C'est pour cette raison que les graines semées sur une terre sans guéret, et couvertes de paille, peuvent quelquefois réussir. Ce n'est encore qu'au moyen du nitre que les plantes dont les graines restent à sachet végètent avec quelque force dans une terre pauvre, quand avant de les y jeter, on les a saturées d'un centième environ de leur poids d'acide nitrique étendu dans suffisamment d'eau, un vingtième environ du poids du grain. Tout corps végétal quelconque décomposé, soit feuilles, pailles, cendres, tourteaux d'huilerie, fumiers, mousses, même sciure de bois, employés convenablement, fait beaucoup de limon. Les fumiers et brûlant tourteau d'huilerie veulent être répandus sous l'eau, pour les enfouir de suite; la cendre, à laquelle l'eau enlèverait subitement son nitre, ne craint pas les doux rayons du soleil quand on l'enfouit dans la terre. La brûlante sciure d'arbre, et autres matières très-sèches, et d'une nature à résister très-longtemps à une entière décomposition, voudraient être mises en pourrissoir avec quelques autres matières, pour former un fumier ou terreau qui pourrait être ensuite répandu et enfoui avec avantage. Faut-il absolument enfouir les fumiers? Oui, car sans cela, exposés continuellement aux vents et rayons du soleil, et souvent desséchés par eux, ils perdraient beaucoup de leur limon, et feraient moins d'effet; d'où les paysans disent que le soleil brûle le fumier, en voulant dire qu'il lui ôte son efficacité : seulement, s'ils sont d'une nature sèche, il faut les mettre dans une terre mouillée, où ils feront plus de bien l'hiver, et moins de mal l'été; s'ils sont gras et bien consommés, ils conviennent partout. Il arrive que le fumier fait quelquefois, en été, sécher trop vite la plante avant son terme d'entière maturité, quand la terre n'est pas assez fréquemment arrosée de pluie.

Nitre concentré.

Décompositions.

Fumiers et brûlant tourteau d'huilerie.

Cendre.

Pourrissoir.

Enfouissement du fumier.

Fumiers secs.

Mauvais effets du fumier épandu en semant.

Les agriculteurs qui s'étonnent de ce que les plantes qui ne mûrissent pas, épuisent moins la surface de la terre que celles qui atteignent leur entière maturité, trouveront le principe de ce fait, soit dans leur moindre poids, qui lui enlève moins de

Plantes fourragères, leur effet.

limon ; soit dans leurs profondes racines, qui vont chercher du limon dans le sous-sol; soit dans leur grande fraîcheur, qui donne à la terre toujours plus de limon que ces plantes ne lui en enlèvent. Après l'élaboration du limon par le règne végétal, l'œil, le goût et l'odorat de l'homme lui en font encore connaître la composition. A la belle couleur blonde du seigle et de son pain, ainsi qu'à leur poids, on distingue facilement la silice des coteaux pierreux du Limousin d'entre la lande noirâtre, dont les produits sont légers et rembrunis comme elle. L'admirable terre jaune avive encore la dorure du froment. Le vin, qui délecte les sens et l'esprit de l'homme, n'est pas une délicieuse rosée d'une nature étrangère à son pays. Comme l'eau tient toujours beaucoup de la nature du lit sur lequel elle coule ou repose, et n'est salutaire à l'homme qu'en raison des matières qu'elle contient, de même tous les produits matériels, outre leur nature spéciale, tiennent beaucoup de la nature de leur sol. O miracle! s'écriera-t-on d'un accent dérisoire; un nouvel agriculteur tire de la farine et du vin, de l'air, et même de la pierre à fusil! Pourquoi vouloir ignorer que toutes les plantes, arbres, corps animaux, pierres, métaux subissent leur décomposition comme leur recomposition? Oui, tout périt et se régénère, par des moyens même indépendants de la volonté de l'homme; et ce qui n'est en apparence qu'un objet vil et sans prix, le jeu, le cours de la nature le transforme en un objet de convoitise. Ainsi son salpêtre ronge la pierre, son feu dilate le caillou, son eau pénètre tous les corps, son limon compose tout.

Les plantes, outre leur nature, tiennent encore de la nature de leur sol.

Coup d'œil analogue.

Fumet du vin et de son sol.

Qualités d'un agriculteur.

L'agriculteur judicieux, intelligent, actif, aisé, est de tous les agriculteurs le plus utile à la société, et l'homme le plus de ressource en cette partie. Ayant pour maxime que la terre donne plus à qui n'exige rien, il ne prend pas où il faudrait mettre; il sait mettre, au contraire, où beaucoup d'autres ne sauraient et ne voudraient que prendre. Il ignore l'art de tondre l'œuf, ou d'écorcher la pierre ; il enrichit au contraire tout ce qui l'entoure. Il paye sans poursuites les justes impôts de l'Etat protecteur, lui fournit des hommes d'une santé inaltérable et d'un esprit fort, qui n'ont jamais jeûné que selon les règles de la raison, capables des plus grands travaux, et de résister aux plus calamiteuses épreuves. Outre que ses nombreux chariots traînent sans cesse les échanges réciproques que se font ses grasses écuries et ses fertiles champs, au lieu d'en rien vendre par avarice ou par besoin, il tire des villes, à prix d'argent, et la chevelure inutile tombée sous le ciseau du perruquier, et le pain de suif du fabricant de chandelles, et les lambeaux de tous les ouvrages du plâtrier, ainsi que les écailles d'huîtres, moules, écrevisses, et le marc de café que l'hôtelier des villes jette continuellement dans la rue, personne ne daignant lui en offrir la plus petite pièce de monnaie ; débris qu'il répand dans ses champs, ainsi que la coque de noix, d'amandes, écorce d'arbres et marc de raisin, pour les fertiliser, et il les couvrirait même de pierres à cet effet, s'il lui était impossible de se procurer rien autre chose. Nous ne concevons pas, diront bien des gens, comment les pierres fertilisent la terre ? Pourquoi la marne, cendre de la création, et quelquefois le sable de mine la fertilisent-ils ? On me répondra : par le nitre qu'ils contiennent; et moi : par le nitre que les pierres y fixent, mais en très-petite quantité, en beaucoup de temps. S'il possède un étang ou marais fangeux, dont la vase souvent sans fond soit un varech ou limon terreux composé de toute espèce de débris de végétaux, entraînés en ces lieux par des eaux impures descendues d'endroits plus élevés, il saura découvrir qu'il est possesseur d'une carrière d'engrais. Après avoir étudié, décomposé, analysé cette terre, il reconnaîtra facilement sa composition. Quant à son utilité, il raisonnera du vrai principe aux effets, qu'il trouvera en accord parfait avec le principe, si au raisonnement il joint l'expérience; l'induction que l'on en doit tirer

Engrais.

Marne.

Sable.

est des plus aisées, quand on sait que la matière homogène qui formait une plante n'en est que mieux élaborée pour la formation d'une autre; quand on sait que le nitre, d'après les lois de la nature, s'attache de préférence, et en plus grande quantité, à ces matières, afin de les transformer, qu'aux autres parties plus inaltérables de la terre. Le fait est constant, d'après l'expérience, qui se trouve parfaitement d'accord avec le principe, que ces matières, employées comme engrais dans la proportion d'un mètre cube de cette terre vase par are de terre en culture, la fertilisent pour plus de soixante années, ou plutôt pour toujours, non pas au point de lui faire produire une belle récolte annuellement, mais de façon à ce qu'elle soit toujours d'un meilleur rapport que la terre de même nature que l'on cultivera de la même manière, et où l'on n'en aura point mis.

Sols peu fertiles.

Une lande, ainsi que tout autre terrain, est peu fertile, quand ses productions naturelles sont insuffisantes pour y fixer beaucoup de nitre, et que son sous-sol en contient peu.

Pins.

Si le pin résineux y réussit assez bien, il ne faut attribuer sa réussite qu'à sa nature poreuse et gluante, et à son port frais et élancé, qui attirent, arrêtent, pour ainsi dire, comme au passage, et fixent autant de limon aérien que sa racine en tire du sol. Aussi le voit-on peu profiter sur la terre pendant ses dix premières années, en comparaison des autres, et son inflammable résine s'unir à la légèreté de l'esprit-de-vin.

Terre nouvelle, vieilles terres marnées.

Si la marne produit plus d'effet dans une terre nouvelle que dans une vieille terre, le principe de ce fait est que la terre nouvelle reste plus longtemps empreinte d'humidité que la vieille terre, et que, pour cette raison, elle perd moins vite son limon; car comme le nitre ou limon n'est propre à l'élaboration des plantes qu'à l'état de dissolution, combinaison terreuse, humide, vaporeuse, qu'à l'état plus ou moins, mais toujours gazeux, où il est amené par l'élévation de la température, et comme cette élévation de température est toujours moins subite dans une terre nouvelle, par l'effet de sa moins grande porosité, que dans une vieille terre, il s'ensuit que la plante, au moment où il lui faut plus de limon, en trouve beaucoup plus dans la terre nouvelle que dans la vieille terre. Si dans les années mouillées les vieilles terres donnent de plus riches produits que les nouvelles, c'est que la faible élévation de la température se trouve tout juste assez forte pour vaincre la condensation du limon que peuvent contenir les vieilles terres, et un peu trop faible pour vaincre absolument la condensation de celui des terres nouvelles; et si l'année restait mouillée au point que l'élévation de la température de l'été fût beaucoup au-dessous de celle d'un été ordinaire, ou ne fit qu'égaler celle d'un printemps, aucune plante, aucun fruit ne chaufferait, ne sécherait qu'imparfaitement au point de chaleur, de dessiccation que nous appelons leur maturité : imperfection, manque soit de proportions, soit d'union dans les parties les plus essentielles, trop faible évaporation de l'eau ou humidité qui reste en assez grande proportion pour déterminer la fermentation, et qui fait que les produits des années mouillées sont toujours de mauvaise qualité. Les légumes fermentent et se pourrissent dans les terres; les grains et leurs farines s'échauffent, et sont altérées par le couvain des insectes qu'ils renferment, dès qu'une chaleur favorable les fait éclore, et qui ne peut être détruit que par la chaleur torréfiante du feu; les vins qui manquent d'alcool se corrompent, et ceux qui manquent de nitre deviennent acides, accidents que l'on empêcherait au moyen de l'alcool et du nitre combinés en proportions exactes avec ces vins. Si les plantes sèchent avant le terme de leur maturité dans une terre où l'on a mis trop de marne ou trop de fumier, le principe de ce fait est encore que l'élévation de la température s'y fait sentir plus fortement que dans les autres terres, et lui enlève plus rapi-

Vieilles terres, terres nouvelles, en années mouillées.

Disette.

Principe de la mauvaise qualité des denrées des années mouillées.

Papillon.

Vins qui boutent, qui aigrissent.

Terre trop marnée ou fumée.

dement son limon, parce que ces matières divisent cette terre et la rendent plus poreuse que les terres où on les a répandues en plus petite quantité. Un autre accident a lieu quand la terre n'est pas assez divisée par la chaleur, est trop compacte, trop resserrée par l'eau; cet inconvénient est que les grains, ne pouvant la faire céder, s'y gonfler, et en sortir librement, s'y pourrissent. Le même inconvénient a lieu pour les graines petites ou grosses, semées et enfouies sous une terre mouillée, trop lourde, trop fortement battue par l'eau et encroutée, pour qu'elles y puissent germer et lever selon le temps qui leur est ordinairement nécessaire: cet inconvénient se trouve un avantage qui détruit une grande partie des mauvaises graines des terres qu'on laboure mouillées. On voit d'après ces observations que ce ne serait point fertiliser une terre que de la rendre trop poreuse ou trop compacte, et qu'il faut à la terre une légèreté moyenne, justement analogue à la délicatesse de la graine ou plante à laquelle on la destine. Si une terre a été trop divisée par quelque accident, un long repos, même un labour profond la rendra plus compacte; mais si c'est de sa nature que dépend sa division, on ne peut la rendre plus compacte à la surface qu'en y mettant beaucoup d'argile, la plus grasse que l'on pourra trouver.

Terre trop compacte.

Bons et mauvais effets d'une terre rendue trop pesante, trop lourde par l'eau.

Terre trop divisée, repos.

On a attribué, et on attribue encore tous les jours à la lune une influence sur les corps terrestres. Cette influence est-elle de fait? Oui; l'attention a remarqué que, lorsque l'on sème des plantes pendant les premières phases de la lune, ces plantes présentent dans le moment une bien plus belle végétation à la surface de la terre que semées dans ses dernières phases; que des pommes de terre semées dans les dernières phases de la lune donnent plus de tubercules et moins de feuilles que semées dans ses premières phases; que les petits animaux qui naissent ou éclosent dans les premières phases de la lune ont, dans le moment, beaucoup plus de force et de vigueur que ceux qui

Lune, raison de son influence sur les corps terrestres.

naissent dans ses dernières phases. Tout en raisonnant sur les lunaisons, on trouve à chacune d'elles deux variations nécessaires, de fait et sensibles. Quand la lune est nouvelle et dans son premier quartier, elle reçoit alors toute la chaleur du soleil, et n'en renvoie point ou presque point à la terre, dont, pour cette raison, la température est rafraîchie, et la plante que l'on confie alors à la terre y trouvant, par cette raison, plus de limon, vient de plus belle en plus belle, au fur et à mesure que la pleine lune, après son premier quartier, élève un peu plus la température par sa réverbération des rayons du soleil sur la terre, réverbération alors plus forte que pendant le dernier quartier de la lune, et qui fait que la plante, ayant plus de chaleur, prend de suite un plus prompt développement que si elle est obligée de passer trois phases de lune sans sa chaleur, soit pendant le jour, soit pendant la nuit. Quant aux pommes de terre, plus elles végètent longtemps sous la terre sans y être dérangées, plus elles y font de racines, et plus alors elles produisent de tubercules; et pour cette raison, trois phases de lune pour elles valent mieux que deux. Les petits animaux naissants ont moins de force dans une lunaison avancée que dans son commencement, parce que le système nerveux est alors plus relâché par plus de chaleur.

Animal domestique.

Quant au bon choix de l'animal domestique, soit de travail, soit de boucherie, il doit être bon mâcheur et bon buveur, ce qui constitue sa matérialité, et en fait une bête de meilleures qualités, soit qu'il soit bien ou mal fait, petit ou gros ; mais pour obtenir ces qualités jointes à des formes parfaites, il faut, tant pour le mâle que la femelle, comme l'a dit Delille, que l'amour leur soit un plaisir et non pas un malheur, ni un travail, c'est-à-dire qu'ils ne soient ni trop vieux ni trop jeunes; qu'ils ne soient point épuisés, ni d'une faible complexion, mais qu'ils soient aussi vigoureux l'un que l'autre. Quant à l'espèce que l'on doit préférer, elle a toujours une analogie plus ou moins grande avec le climat, même les productions, même le sol qui l'ont nourrie, analogie dont l'étude et la compréhension des premiers principes empêchent leurs effets secondaires d'échapper au jugement d'un bon agriculteur. Pour les formes et les avantages artificiels et les métis, ils n'appartiennent à aucune espèce; ils ne sont qu'un effet d'effet, ou simplement un effet accidentel, ou sinon un effet justement calculé par des causes, de quelque ordre ou nature que ces causes soient. Pour les couleurs des animaux, dépendant de la chaleur spécifique du sang animal tenu en équilibre avec le calorique atmosphérique dans lequel ils vivent, il en résulte que la couleur rouge est indigène (des zones, températures et pays), c'est-à-dire climat, et héritière des tempéraments les plus chauds; que la couleur blanche est indigène (zones, températures et des pays), c'est-à-dire climat, et héritière du tempérament sept fois moins chaud que le rouge pur; et qu'ainsi, toutes les autres couleurs, qui sont toutes, ainsi que la blanche, des diminutifs de la couleur rouge primitive, ou des mélanges de ces diminutifs, ont plus ou moins de feu, selon les degrés plus ou moins chauds de leurs diminutifs prédominants. Chaque couleur, réfléchissant celle de la lumière plus ou moins analogue à elle, se multiplie deux et trois fois et plus, comme elle se divise du rouge pur jusqu'à sept fois et plus. Que l'on dissèque ou divise la lumière en couleurs ou rayons calorifères autant que l'on pourra, ou que l'on allie ou réunisse tous ces divers rayons ensemble ou en une seule couleur, l'homme n'en peut obtenir que la matière première ou ses diminutifs. Qu'il jette un transparent sur la couleur n'importe de quelle nature, la couleur analogue de la lumière, du transparent et de l'objet, ainsi que ses deux réverbérations naturelles, se trouve déjà multipliée cinq fois par elle-même, ou beaucoup plus, selon la nature du transparent, *vel in genere proximo vel remoto fulguris.* Si la blancheur des neiges et la verdure des plantes sont diverse-

Couleurs des animaux.

ment perçues par l'âme, c'est qu'entre la neige qui tombe par concentration et condensation, et là sève des plantes qui s'élève par raréfaction et dilatation, il y a une différence énorme de chaleur spécifique, et une bien plus grande différence encore entre la sève des plantes et le sang animal; en un mot, tout devient rouge par la chaleur, même l'eau. Il suffit, pour le comprendre, de savoir que la lumière n'est que la division de la matière, et les couleurs que des différences de sa division, ce qu'ont démontré les physiciens, qui tous ne divisent pas la lumière en moins de sept couleurs, dont six diminutifs du rouge pur, et qui tous la multiplient par sept couleurs pour avoir la couleur blanche.

Lumière.

Vide newtonien, sa réfutation.

Chaque corps, en sa masse divisible et indivisible, est toujours intrinsèquement en équilibre parfait de masses, c'est-à-dire que toute sa masse divisible et que toute sa masse indivisible, *in solo*, sont une identité, effet d'une loi de concentration et de raréfaction. Pomper les gaz d'un verre n'est point y produire du vide; la lumière qui s'y voit dans toutes ses parties le démontre clairement: et si un plomb et un liége d'inégales quantités géométriques nagent sensiblement, à égalité apparente de vitesse, dans la matière qu'il renferme, c'est de ce que: 1° la masse divisible de cette matière n'ayant ni numérateur ni dénominateur sensibles,—(c'est-à-dire que si cette matière était concentrée comme le plomb et le liége, sa masse divisible n'équivaudrait sans doute pas alors à la millionième partie de leur plus petite division sensible au microscope qui pourrait le plus diviser la lumière); c'est de ce que: 2° la résistance réciproque des corps n'existant et ne pouvant exister que par plus ou moins ou égalité de concentration de leurs masses opposées (et qu'ainsi en rapport d'exactes proportions, plus la raréfaction des corps opposants étant grande, plus leur résistance est petite); il conste nécessairement de ces deux faits que le fluide ne pouvant opposer tant au liége qu'au plomb qu'une résistance insensible à la vue, et que le liége s'y trouvant avec le plomb en rapport d'exactes proportions de moindres masses, ces deux corps s'y meuvent et doivent s'y mouvoir sensiblement à la vue dans la même apparence de vitesse.

Résistance réciproque des corps.

Si la résistance réciproque des corps n'est qu'un rapport d'égalité, ou du plus ou moins de leur concentration, comment deux kilogrammes de poudre lancent-ils un boulet de canon de dix kilogrammes à quatre kilomètres du point de départ ? Il est certain que le boulet, étant dix fois plus concentré que la poudre, doit lui être ce que dix sont à un. On ne saurait mieux prouver ce rapport qu'en le pesant dans la balance d'un canon placé en ligne perpendiculaire, la culasse contre terre et la bouche en l'air, et chargé des deux corps en résistance ; en soustrayant ensuite la masse de la matière indivisible et enflammée de la poudre, c'est-à-dire en concentrant cette flamme dans une sphère ou plein matériel d'air de quarante kilomètres de diamètre, on trouvera que la matière indivisible de la poudre mise en résistance avec la matière divisible du boulet, a fait par sa plus grande raréfaction dix fois plus de chemin que lui, tous les deux ayant éprouvé de toutes parts, tant dans la balance que dans la matière, absolument la même résistance. Donc le boulet, en vitesse dix fois moins grande et en résistance dix fois plus grande, est par sa concentration dans le rapport de dix à un avec la poudre; donc la résistance des corps dérive des deux grandes lois fondamentales de raréfaction et de concentration qui détruisent toutes les conséquences mal déduites et erronées du vide newtonien.

En vain pourrait-on dire qu'un globe ou tube où l'on n'a laissé qu'une matière raréfiée devrait ne plus être qu'une petite ardente fournaise où devrait s'enflammer la poudre et qui devrait fondre son verre. Toutes ces pusillanimités disparaissent devant l'énorme masse de matière première et secondaire, dont la division newtonienne est si petite, qu'elle est sensiblement plus rationnelle que physique.

Newton fut un homme de très-grands calculs ; mais, dans son calcul du vide, il s'est montré d'autant moins philosophe, qu'il a confondu la cause divine avec un rival néant hors de toutes possibilités d'existence, selon la métaphysique, et ne pouvant s'intercaler entre aucune essence. Newton.

Il est inutile d'observer que dans l'hygiène des animaux, l'on doit toujours les maintenir dans leur tempérament naturel, chaud, tempéré ou froid. Ainsi, le rouge, le noir et le blanc, quoique pouvant vivre dans la même atmosphère, n'y sont cependant pas également aises. Les noirs, blancs, gris, bruns, etc., ne craignent point la température des nuits même froides ; et les rouges sont mieux dans la température d'une moyenne chaleur, température analogue à leurs divers tempéraments. Le rouge supporte mieux une quantité de chaleur et craint plus la froidure que le blanc et le blond, parce que le calorique s'en dégage plus facilement que des corps plus condensés. De même la nourriture dense doit être celle des tempéraments lourds et froids, et la légère celle des tempéraments secs et chauds ; qui l'un et l'autre la transforment en sang qui s'appauvrirait par l'hydrogène et une nourriture légère et insuffisante dans un tempérament lourd, et sang qui deviendrait surabondant dans un tempérament chaud, par une surabondance de matière divisible qui surchargerait le corps de manière à le faire changer de tempérament ; d'où l'on voit chaque jour des races rouges devenir blondes, des races noires devenir blanches, la vieillesse surchargée d'un poids matériel qui l'accable, et mille émigrations et mille soins d'eux-mêmes dans une infinité d'êtres libres. Quant à ces calculs, il faut toujours envisager la matière divisible dans ses divers degrés de division, et la matière indivisible dans ses divers degrés de multiplication, pour mieux tâcher d'arriver à en connaître les rapports : comme, par exemple, une ligne droite rouge, traversant un verre de vin rouge, de couleur plus ou moins rouge, Hygiène des animaux.

sera toujours en proportion plus rouge après que devant, et ainsi du reste, parce que le transparent vin dans sa densité rouge sert de multiplicateur à sa couleur, comme la couleur de l'animal se sert à elle-même de multiplicateur réflecteur, ce qui donne pour résultat trois fois du rouge contre chaque autre couleur seule. On sait aussi que le produit d'une telle multiplication serait insensible et nul sans l'immensité u multiplicande, qui est toujours facteur principal, et qu'ainsi un transparent ou un réflecteur rouge seraient insuffisants pour multiplier une ligne verte en rouge, tant sont petits les ateliers humains dans ceux de la nature.

Suffocation des animaux par le limon.

Quand un animal prend trop de nourriture, toute cette nourriture atténuée, dilatée par l'hydrogène ou calorique de l'animal, produit un volume de gaz ou limon trop considérable pour son contenant, estomac, intestins ou volume de l'animal, le tend, le gonfle avec force de toutes parts, pour s'en échapper, jusqu'au point où l'animal, plein de ce limon comme une bouteille remplie d'eau dans laquelle il ne peut plus rien ranger, ne pouvant plus respirer, finit par étouffer et mourir promptement si l'on ne condense pas ce gaz ou limon, en jetant la bête à l'eau froide, étang, rivière ou ruisseau, ou si on ne lui ouvre aucune issue, soit en perçant le flanc de l'animal avec un stylet, ou soit en l'évacuant par tout autre moyen, comme en le faisant sécréter par les sueurs causées par un continuel exercice, etc. Jeter la bête à l'eau froide est un excellent remède ou moyen, parce que le calorique animal, s'unissant en très-forte quantité à l'eau, le limon qu'il avait élevé à l'état de gaz aériforme retourne par condensation à l'état liquide, qui s'échappe ensuite par les urines et autrement.

Si un animal a mangé beaucoup de grain, et si de suite après on le fait beaucoup boire, il gonfle à en crever; mais s'il ne boit pas du tout, il ne gonflera pas; pourquoi? parce que, d'après ce que nous venons de dire, ce grain manque d'oxygène ou d'eau, et n'est pas assez humecté dans le dernier cas, pour que toutes ses parties puissent se digérer, se diviser au point qu'elles se divisent dans le premier cas, et qu'elles s'écoulent peu à peu par les intestins presque sans être digérées : d'où l'on doit voir pourquoi les herbages les plus succulents, les plus frais, les plus tendres, ou couverts de rosée ou mouillés, gonflent plus vite les animaux que ceux qui sont moins nourrissants, un peu fanés ou coupés aux grands rayons du soleil ; qu'il serait imprudent de faire boire une bête qui aurait trop mangé de fourrage sec ; que la farine nourrit mieux les animaux que le grain ; qu'il faut avoir grand soin de faire boire les animaux quand ils ont mangé ou mangent sec, et qu'un animal de bonne nature doit non-seulement bien manger, mais encore bien boire ; que plus un animal devient gras, plus sa nourriture doit être fine; d'où l'on doit encore voir que, loin de faire cuire péniblement dans le four la pomme de terre et la betterave, ce qui leur enlève de leur limon, il vaut mieux les faire manger crues.

Flux et reflux de la mer.

Les flux et reflux de la mer ne peuvent être occasionnés que par sa distance du soleil. Si elle monte ou croît pendant six heures, c'est que pendant ces six heures le soleil, qui l'approche de plus près, dilate ses eaux comme le feu dilate un pot d'eau froide et le fait passer par-dessus ses bords ; et si elle décroît pendant six autres heures, c'est par condensation.

Évolutions mécaniques de la terre.

Comment expliquer, dira-t-on, par le procédé de la raréfaction et concentration de la matière, toutes les évolutions des corps, et surtout le mouvement diurne et annuel de la terre et celui des autres globes ? Rien n'est plus facile, si l'on fait attention que les masses continuellement dilatées des côtés du soleil, côtés qui, par ce simple fait, sont toujours les plus légers, vont continuellement se condenser sur les côtés qui les entourent; d'où il résulte que les côtés opposés au soleil sont toujours plus pesants que les premiers et les entraînent (mouvement diurne de la terre, qu'elle exécute sur elle-même en tournant sur son centre). Si l'on fait attention à la structure de la terre, renflée dans son milieu et aplatie à ses deux bouts, on verra que toute la matière des masses dilatées, matière qui s'enfuit se condenser sur tous les côtés voisins, se porte aussi, mais bien moins vite et en bien moindre quantité qu'ailleurs, sur les points les plus éloignés, tels que les côtés opposés au soleil, d'où le pôle ou bout de la terre opposé au soleil ne devient que peu à peu plus pesant que son bout opposé, et ne l'entraîne aussi que peu à peu (mouvement annuel que la terre exécute sur elle-même, en présentant obliquement l'un après l'autre ses pôles au soleil). Par ce procédé, qui n'est en rien contraire à l'astronomie, s'expliquent toutes les évolutions mécaniques de la matière, tant ses mouvements en elle-même et sur elle-même, que son déplacement orbiculaire et équilibre perpétuel. C'est par ce même procédé que se transforment tous les germes et toutes les espèces, et qu'un corps prend souvent et occupe la place d'un autre corps, et produit un autre effet. Le mouvement de l'aimant même ne peut être qu'un défaut d'équilibre entre son calorique spécifique et le calorique spécifique des corps vers lesquels il se meut et décline; équilibre qui, ne pouvant jamais avoir lieu, unit alors ou joint ces corps toutes les fois que la force d'équilibre est plus grande que celle de la résistance qui lui est opposée.

Aimant.

Ignorance, ses effets.

Comme une science mène toujours l'homme à une autre science, et l'instruit de plus en plus jusqu'à la découverte de la vérité qui le perfectionne, de même l'ignorance le dégrade. Le paysan des campagnes, comme le peuple des villes, veut des guides infaillibles en agriculture comme en morale, pour ne point dégénérer peut-être jusqu'en un peuple d'anthropophages. Hé! qu'a-t-on vu partout, dans tous les temps? que voit-on toujours se passer dans l'homme dégradé? De même qu'égaré du principe infaillible de morale, il tombe dans le vice, et du vice dans le crime; de même, à mesure qu'il s'éloigne du vrai principe de l'agriculture, il passe toujours de mieux en pire, et arrive à la stérilité: d'où l'on voit souvent le cultivateur nomade abandonner une terre totalement épuisée en disant que le blé n'y graine plus. Le travail de l'homme est partout le même, quand il atteint ou tend à la perfection. Le paysan humilié sous le chaume n'est pas plus fait pour cultiver la terre que l'habitant des palais; la nature humaine est partout la même, et peut avoir le sceptre ou le hoyau en mains : seulement, quand les puissances, les familles ou les individus se dégradent, au lieu de se perfectionner, ils courent à leur perte, et tous peuvent en même temps concourir à leur extinction comme à leur bonheur réciproque. Il n'est plus de société possible au comble de la dégradation, et les hommes, les uns les autres, se persécutent et se mangent dans le monde matériel, monde animal.

Si l'essence humaine, qui comprend toutes les opérations de la matière, était matière; si le soleil et tous ses accessoires, ainsi que tout le plein matériel, venaient matériellement se concentrer dans l'homme, cet être concentré serait celui de tout l'ensemble de la matière; l'homme serait alors le grand tout matériel, et chaque homme toute-puissance, contradiction sans partisans. C'est alors que l'homme entrevoit sa primauté et ses prérogatives, et que le culte vient lui découvrir son auteur, sa création, sa nature, sa destination et sa liberté, et l'instruire du but et des événements du monde. Avant le temps, le ciel et la terre, lorsqu'ils n'étaient point, et que Dieu pouvait faire ou ne point faire le chef-d'œuvre de la création, l'effet de sa volonté, *fiat lux*, fut le feu, matière première, qu'il concentra, qu'il divisa en matières secondaires, telles que l'espace et tous ses globes, l'atmosphère, les eaux, la terre, les

Culte.

Matière première.

corps animaux et les plantes, et autres modes d'êtres. C'est par le culte que la volonté de l'homme s'identifie avec celle du maître absolu, et participe de sa nature. Quoi que ce soit que ce maître commande et enseigne, Abraham doit obéir et croire. Si Adam et Ève ne se fussent point mis en dehors du culte, leur nature n'eût point été entachée du mal, caractère d'un effet dont l'homme ne conçoit le principe que par le culte. L'*anima vivens et motabilis* animale n'est pas plus que la matière, n'étant comme elle qu'une simple créature sans culte. Que peut-il y avoir d'impossible à celui qui peut tout, dans la longévité nécessaire de Mathusalem? N'est-il pas plus admirable qu'incroyable que celui qui a fait et mis en jeu la matière du soleil en ait prolongé la lumière à la foi de Josué? Que peut-il y avoir d'impossible, dans un déluge et dans un embrasement universels, à celui qui a le pouvoir de diminuer et d'augmenter la chaleur du soleil? N'est-ce pas en diminuant très-faiblement la chaleur du soleil qu'il convertit, en tout-puissant chimiste, et selon l'expression de l'Écriture, les cieux en eaux, et produisit notre déluge universel aussi facilement qu'il produit nos pluies naturelles? Ne peut-il pas, en augmentant la chaleur de ce feu, incendier tout notre pauvre petit monde et tout l'univers? et le feu détruit tout comme il a été produit[1], plus de monde, plus d'univers!

Mal. Animaux. Déluge.

Dans ce canevas, l'homme clairvoyant reconnaît nécessairement deux genres d'hommes opposés : l'un s'abandonnant à l'ignorance du matérialisme animal, et l'autre, son frère, et de même nature, s'identifiant l'absolu : opposition d'où naît la politique ou l'art de bien gouverner les hommes, vrai effet de l'absolu (1). Placé comme intermédiaire au milieu de toutes les vérités et de toutes les faussetés, de tous les systèmes humains (ou de tous les calculs), le philosophe s'interdirait-il la tri-

Politique, sa naissance.

(1) Le terme absolu est synonyme de Dieu.

bune politique? Dédaignerait-il d'entrer en pourparler avec les majorités et les minorités pour la démonstration du vrai? N'oserait-il promulguer le seul système (ou calcul) et ses lois invariables pratiquées de tous les hommes de tous les lieux et de tous les temps, *in principio?* Toutes les fois que les peuples se sont abandonnés, et toutes les fois qu'ils s'abandonneront à l'ignorance du matérialisme animal, ils ont toujours succombé et ils y succomberont toujours, parce qu'elle est la source, parce qu'elle est le type de toutes destructions; il suffirait pour s'en convaincre de consulter les traditions. Le système physique seul est abusif; l'homme ne serait plus qu'un être tronqué sans la métaphysique.

Dieu, le premier de tous les êtres métaphysiques, seul facteur par lui tout seul de tous les autres, absolu dans sa théodicée, l'a imposée à tous les hommes. Les preuves s'en trouvent physiquement (dans) ou par ses lois générales de la matière, et la matière elle-même; et métaphysiquement (dans) ou par l'esprit de l'homme, que ne peut contenir la matière. Les actes physiques des corps, pur mécanisme, n'étant que des effets successifs de causes métaphysiques, ce dont les preuves se rencontrent partout, c'est donc la cause surtout qu'il faut avoir en tout pour premier objet; ce que fut la philosophie traditionnelle des premiers siècles, mais qui, souvent altérée de nos jours, ne peut presque plus se démontrer vraie que par les effets des principes. Ainsi l'homme, dans sa nature habituelle d'homme, ou mixte, ne connaît que des causes métaphysiques, et ne les connaît et ne peut les connaître que par leurs effets, et non en leur essence. Quant à des effets métaphysiques, l'homme ne peut en connaître en essence, parce qu'ils n'en ont d'autre en cette qualité que l'identité de leur cause: tels sont les miracles, les prophéties, les sacrements de Dieu, et le surnaturel diabolique. Qu'il est terrible de voir tant d'hommes placés sur cette échelle d'effets, dédaignant de s'élever et de s'identifier à leur première cause commune, ne se servir de l'échelon qu'ils occupent que pour se précipiter les uns les autres dans l'abime d'éternelle destruction. Tout étant matière hors la cause, notre dire politique ou matériel est que, sans ou contre sa cause, rien ne peut exister, ou que rien n'existe, ou qu'il n'existe que causes et effets (1). Quelles sont donc maintenant les causes des gouvernements? Ne pouvant être les causes animales identités du néant ou de la matière, l'homme n'en trouve partout que deux, qui sont son auteur et lui-même, qui par tous les calculs matériels ne se trouve que cause de cause. Dieu donc seul gouverne tant ses effets que ses causes : 1° ses effets par eux-mêmes, telle sa loi d'équilibre ou mouvement perpétuel, ayant pour base la matière élémentaire; 2° ses causes aussi par elles-mêmes, d'après sa théodicée. Pour gouverner à l'instar de Dieu, il faut donc : 1° suivre en tout sa loi matérielle de l'équilibre des corps; tels les finances, les forces guerrières, les moyens de transport par mer ou par terre, les vivres, le courage, la manœuvre, le tout en équilibre avec les mêmes choses des peuples; et 2° sa théodicée métaphysique, qui peut anéantir ou refaire l'œuvre ou effet matériel par son identité métaphysique. Tout homme qui n'aura point suivi ces règles ne jouira ni de Dieu ni de son travail (2).

Causes des gouvernements.

Scepticisme.

(1) Le doute est si naturel à l'homme, que tout ce qu'il ne peut calculer, il en doute, tellement qu'après (ou que sans) les causes et les effets, il ne peut rien calculer, et qu'il reste sans aucune règle ou sans aucun tableau. Dites à un aveugle, ou étranger au tableau que vous lui présentez ou proposez, soit un enfant, soit un ignorant, soit un mort, soit un bœuf : deux et deux font quatre; il restera d'une indifférence entière à vos exactes conceptions, preuve qu'avec le flambeau de la vérité on ramène un homme plus facilement du vice, du scepticisme, que de la folie ou du malheur de l'ignorance.

(2) Le ciel n'étant que la vraie jouissance de Dieu, il est évident et de sûre théologie que deux ennemis en Dieu, ou deux causes opposées, n'ont ni les mêmes goûts, ni les mêmes sentiments, ni la même jouis-

Placé sur l'échelle, idolâtre, blasphémateur, ignorant matérialiste, monte jouir de Dieu avec ta seule identité d'éternelle destruction. Tous les efforts de toute la multitude du monde entier, joints à toutes les causes diaboliques, ne sauraient le rendre victorieux dans cet insensé projet! Théodicée! que veut dire ce mot, ou tableau paraissant tout à la fois matériel et métaphysique? Extrinsèquement ou matériel, c'est-à-dire imposé à la matière, il est ou signifie première cause immatérielle d'effets matériels, puisque son essence n'est pas contenue dans ou par la matière, selon son *fiat lux* ou sa production de la matière; et intrinsèquement, ou imposée à l'esprit de l'homme, théodicée signifie culte, puisque ce n'est que par le culte que l'esprit ou l'âme s'unit ou s'identifie à son auteur ou à sa cause première. Quel est donc le sceau, le signe, le cachet, ou finalement la cause du culte, qui le fait connaître? C'est l'identité divine ou Dieu même, c'est-à-dire l'homme-Dieu, l'homme ayant les pouvoirs de Dieu : tels les miracles de Moïse, de Josué, de Jésus-Christ et ceux de toute son Eglise. Malheur à l'homme sans culte! Tous les autres hommes, même du culte, ne peuvent le sanctifier, selon Dieu même. Théodicée.

Peuples, instruisez-vous! après avoir calculé la matière, affranchissez-en entièrement votre esprit, et déposez chacun sur l'autel du culte votre salut personnel, c'est-à-dire vous-mêmes, en l'honneur de votre nation. Peuples, instruisez-vous! devant déposer vous-mêmes, chacun personnellement, l'offrande salutaire, sachez qu'un tel dépôt nécessite en soi l'avoir de l'objet. Comment s'identifier le culte quand même on Culte pour tout le monde.

sance de Dieu à la fois et ensemble : c'est pourquoi Dieu veut qu'ils s'aiment comme de petits enfants aiment leur mère, pour jouir ensemble de la faveur promise, et qu'ils déposent devant lui leurs inimitiés pour aller quérir leur amour.

Le travail sans la science ne peut qu'être préjudiciable à l'homme; il faut éviter l'ignorance dans l'homme qui travaille.

ne le connaît pas? c'est battre fausse monnaie. Mais quand l'univers entier accompagnera les universités métropoles de petites universités communales composées chacune d'un instituteur et d'un clerc, d'un curé et de son vicaire, et des enfants de commune, suffisance complète, vu que les principaux éléments de la science publique étant chez tous les hommes, et non renfermés seulement dans quelques universités, cloitree ou monastères, sinon monopoleurs, vraiment si petits dans le monde, qu'à grandes peines et grands frais s'y peuvent maintenir pour toujours quelques cénobites dévoués à la sauvegards des archives scientifiques (1), c'est alors que, par cette méthode

(1) Pour l'application de toutes ces petites universités, n'en faisant au résumé qu'une seule: l'université universelle, il est indispensable de se bien démontrer ce qu'un chacun peut facilement faire; que deux jours d'étude et d'école par semaine, et en outre l'étude du temps perdu, tel que celui des veillées d'hiver du soir et du matin, des heures inoccupées, des dimanches, des mauvais jours et des heures consacrées à la garde des animaux dans les champs, heures entièrement inutiles à la société, puisque ses faibles membres n'y font rien ou presque rien, donnent, sans y joindre même toutes les leçons que pourraient y joindre de bons et laborieux parents jusqu'à l'âge de dix-huit ans, donnent, remarquons-le bien, neuf années d'études mûries par dix-huit années d'expérience et de réflexions, et même par toute la vie. Le plus haut cours comprendrait la rhétorique, la physique et la métaphysique, et serait enseigné ou fait par le vicaire exprès de la commune, aidé du curé, quand ce dernier le pourrait. Les cours que font journellement les instituteurs ou maitres d'école continueraient d'être ainsi faits comme précédemment, et, de plus, avec l'aide du clerc du maître d'école, dernier qui aiderait dans l'école quand il ne serait point en ambulance. L'ambulance, ou le cours de lecture établi pour tous les trop faibles enfants pour venir d'eux-mêmes à la commune, se ferait par sections de commune, deux ou trois sections ou plus, dans les localités les plus commodes pour la généralité des familles, lieux désignés où viendrait enseigner l'ambulant clerc de l'instituteur. Quant à tous les autres cours nécessaires, ainsi que tous ceux que l'on pourrait établir, ils auraient pour professeurs, ou les élèves les plus instruits de la commune pour ce désignés, ou des instituteurs libres, ou même des philanthropes de pur dévoûment.

lente, mais même par sa lenteur infaillible, tout le monde voyant clair, l'aveuglement cessera. Alors la presse ne trompera plus personne par ses toutes belles fictions romantiques; alors les gouvernements se consolideront par le culte et l'équilibre matériel sans jamais se corrompre par l'abus. Il serait trop long d'énumérer tous les abus des gouvernements, tels que celui d'en faire une exploitation servile ou une vraie spéculation de fortunes, synonymes de brigandage, vrai délire surtout du jour, et de trop de siècles et de peuples. Abus.

Pour la justesse de la méthode, on doit distinguer six genres de causes, et les effets des effets : 1° *causa volens*, cause voulant d'elle-même : comme, par exemple, ou tuer un homme ou sa mort est cause homicide ; toute cause voulant séduire une femme est cause adultère, etc.; 2° *causa nolens*, cause qui ne veut pas : comme Dieu contre son culte, l'homme contre lui-même ; et comme dit l'Évangile : Tout État contre lui-même sera détruit, et toute maison contre elle-même tombe en ruine ; telle toute cause qui se refuse ou s'oppose à des effets, etc.; 3° *causa mendax*, cause mensongère, toute cause qui se trompe elle-même ou qui trompe les autres : comme le précisent le *Qui non est mecum contra me est*, et l'*Omnis homo mendax* du Christ ; tels l'homme de foi punique, le démon, etc.; 4° *causa cæca*, cause innocente : comme Noé qui fit et but du vin qui l'enivra ; et Loth qui eut des enfants de ses filles, etc.; 5° *cause neutre :* tels les femmes et les enfants pour faire la guerre ; tels les serviteurs qui agissent au nom d'une autre cause; tels les arbitres et juges élus par la société pour terminer les différends des hommes, etc.; 6° *causa ignota*, cause inconnue : soit comme ou quels sont tous les hommes qui ont travaillé à la tour de Babel, à la construction de Paris ou de Londres? etc.; *effectus effectuum,* effets d'effets, ou effets sans cause : telles les graines des plantes sont répandues sur la terre par les vents, les oiseaux, les courants d'eaux; telles les eaux des pluies et la grêle sont une condensation, ou effet d'un Logique.

réfrigérant, qui peut lui-même être la fraîcheur d'un amas d'eau, un vent frais, la fraîcheur de la verdure d'une forêt; tel le feu se communique en beaucoup de circonstances indépendamment d'aucune cause et par des lois qui lui ont été prescrites; telles les fortunes croulent par l'effet des changements, des revirements, des circonstances que l'homme ne saurait prévoir, et entraînent avec elles d'autres faillites qui font la ruine et l'anéantissement de bien des familles; telles les maladies arrivent par le chaud, le froid, la corruption; tels la mort naturelle de tous les êtres organisés est l'effet de la caducité, la caducité est un effet du temps, le temps est un effet de la matière, la matière est un effet du feu, qui a pour *causa volens* Dieu, ainsi que ces lois d'équilibre, de concentration, de raréfaction, de condensation, de dilatation, et enfin de mouvement perpétuel.

Feu.

C'est lui qui de lui-même
Transforme tant de corps;
En équilibre même,
En meut tous les ressorts;
Et quand sa cause, Dieu,
Pour se faire connaître,
Impose à l'effet feu
Son pouvoir de maître,
Il arrête leur cours,
Se transforme en rosée,
Et retrouve toujours
Sa perte compensée.

Josué, Ananias, Mizaël, Azarias.

Ce serait avoir une infidèle idée des grandeurs de Dieu, que de croire qu'il lui importe que telle ou telle graine, tel ou tel insecte, tel ou tel animal, tel ou tel effet, soit ou ne soit pas : ce qui lui importe, ce sont seulement ses causes, ou son culte indestructible. Il a dit lui-même qu'il détruirait tous ses effets, et ferait toutes choses nouvelles. Dieu a toujours fait des miracles pour la conservation de son culte, et n'en a jamais fait pour la conservation des effets : ce qui n'en fait que plus adorer sa dignité.

Le philosophe est donc celui qui reconnaît exactement les effets et les causes, qui par leurs signes remonte des effets aux causes, qui les distingue l'un par l'autre, loin de les confondre, et sans jamais prendre l'un pour l'autre, ni aucune cause pour une autre ; et la philosophie est la connaissance commune des effets physiques et des causes métaphysiques. Philosophe Philosophie.

Moïse, dans son admirable et sublime cantique de la création, où il peint la toute-puissance de Dieu par son chef-d'œuvre du ciel et de la terre, dit que Dieu effectua cette création matérielle et spirituelle par succession de temps de sept jours ou cent soixante-huit heures, sans déterminer, sans préciser, sans faire connaître en rien du tout les moyens de la *causa volens* divine. La philosophie, loin de contredire Moïse, fait la plus grande preuve de l'inspiration divine de ses écrits. Tout concorde exactement dans la simplicité, la promptitude de l'action, dans la naissance spontanée des ornements terrestres, la nature et la création subite de tout ce qui respire, et leur multiplication, et enfin dans la nature distincte de l'homme. Saint Jean, après avoir prédit les malheurs de la fin du monde, dit : « La terre et le ciel s'enfuirent, et il n'en resta pas même la place. » Saint Jean, comme Moïse, tout plein de la Divinité, ne parle nullement du moyen de Dieu, et tout démontre que la concentration et la raréfaction lentes ou spontanées de la matière, son inflammation et son extinction, sans qu'il en reste aucun résidu à la fin du monde, sont les lois du tout-puissant. Dans cette métaphysique rigoureuse, où l'on n'a que des causes, jamais Newton n'eût commenté que le premier ministre du culte était cause contre elle-même, *causa nolens*, ou cause mensongère, *causa mendax*. On ne pourra jamais de l'autorité papale, ni d'effets étrangers, induire que les papes Beresith. Apocalypsis sont des antechrists; pas plus que des actes de saint Jean, induire qu'il est le démon. L'homme voit dans l'Apocalypse beaucoup d'effets et de causes, soit en nombre simple, soit en nombre collectif; mais tout, quant au culte, y est clair, net et précis. Dans la physique, on distingue aussi les effets qui sont purement de conventions de causes, dits de droit, des autres effets soit de causes, dits moraux, soit d'effets. Quand on dit par numération, ou toute autre convention d'expression, que deux et deux font quatre, ou que telle figure ou tableau fait un nombre, cette convention n'empêche pas qu'ils pourraient faire un tout autre nombre, si l'on en fût convenu. Un cercle de même de convention de causes, n'est qu'un cercle par convention; tout autrement, il est aussi exactement un triangle, ou un parallélogramme, qu'un cercle, puisqu'il en a en soi toutes les formes; de même d'un carré dont on peut faire un cercle; de même du langage conventionnel, qui peut prendre toutes sortes de formes, *ad libitum*. Que l'on ne s'égare donc pas par ces mots abusifs de vide, de néant, d'autorité, de sens commun, de sens intime, de majorités et de minorités, comme base infaillible de certitude. La base de certitude pour l'homme n'est que l'exact calcul des effets et des causes, représentés comme grandeurs par des signes, ou l'algèbre; certitude acquise dès lors que les effets démontrent exactement leur *factorum causa*. Quand les hommes se jouent d'eux-mêmes dans leurs saturnales passions, il n'y a plus que les seuls principes immuables de la philosophie à leur présenter. Comment donc percer tout d'un coup à travers tant d'oppositions? contre l'ignorance, contre l'autorité du plus grand nombre et des grands noms, et contre le sens commun même? La seule arme souveraine pour la défense de cette dialectique est ce que l'on appelle le gros bon sens, c'est-à-dire le calcul algébrique de la matière, donnant à l'homme la certitude de lui-même, de ses devoirs et de ses droits. Puisque chez tous les hommes

Droit, mœurs.

Base de la certitude.

Dernière ressource de l'homme.

il faut cette connaissance, seraient-ils fous, les philosophes qui nous ramèneraient à la certitude? Seraient-ils fous, les savants qui, par la culture et la pratique habituelle des sciences, donneraient à tout le genre humain les moyens infaillibles d'acquérir la certitude? S'il en était ainsi, il faudrait dire, sans crainte de nous tromper, que la certitude est la plus grande de toutes les folies, que le culte est le plus grand de tous les crimes, que le devoir et le droit sont des préjugés sacriléges, et que tous les savants sont des enchanteurs qu'il faudrait brûler vifs.

Absurdité du sens commun comme fondement de la certitude.

L'homme seul ne pourrait jamais rien déterminer, s'il fallait un sens commun; il lui faudrait tout prendre de ses semblables, et le plus affreux pyrrhonisme individuel serait le seul sens commun possible. Donner un sens commun à l'âme serait la priver de sa liberté, et la plonger dans l'horrible indifférence actuelle du culte. Essence au-dessus de tous les pinceaux de tous les philosophes, tes calculs pourraient-ils avoir d'autres inexactitudes que la confusion des causes et des effets? confusion que ne peuvent rectifier en toi-même ni l'impuissance de tous les sens communs du monde, ni aucune autre exactitude que celle de l'algèbre. Citoyens du Panthéon social, connaissez-vous le sens commun? Newton proscrit Descartes; Descartes proscrit Newton; Jésus-Christ proscrit tout autre culte que le sien; tous les autres cultes proscrivent Jésus-Christ. Si la proscription entre tous les hommes était un sacrement du culte, alors le sens commun existerait; car du ciel à la terre on ne trouve qu'exclusion. Quels furent les premiers malheurs des hommes? le sens commun! Mais qu'est-ce donc encore que le sens commun? Citoyens du Panthéon social, sur vous-mêmes, répondez. Oh! quelle terrible évocation! Dieu immolé en culte martyre! Homère! Socrate! Démosthène! Archimède, Cicéron! Copernic! Virgile spolié! Voltaire errant! Napoléon!... Souverains égoïstes et matériels d'un jour, potentats de sujets sans philosophie, et chez qui l'absurdité du sens commun fait loi, vous sombrez tous, vous et vos peuples, dans le gouffre sans fond de l'incertitude révolutionnaire. Le sens commun, cet inconnu du ciel, l'est également de la matière, effet mécanique intrinsèquement sans cause. Ame animale quelconque, connais-tu, toi, le sens commun? As-tu besoin de ce consulte pour juger de la conservation de ton être? Tes annales particulières ont-elles un tout autre Panthéon que le tableau bien ou mal combiné des choses? Mais, enfin, qu'est-ce que le sens commun comme base de certitude? C'est, pour le bien définir, un faux calcul, une illusion, une erreur, et l'origine et la loi du paganisme et du communisme.

Ayant démontré que les plus grands intérêts des peuples sont les moyens de se connaître eux-mêmes et de connaître le culte, afin d'y conformer leurs mœurs, leurs devoirs et leurs droits, leurs gouvernements; quelle sympathie raisonnable pourraient avoir les peuples pour des institutions opposées à leurs intérêts personnels? tel le monopole d'instruction publique, au lieu de maîtres et d'universités, d'établissements de perfection d'instruction, pour ceux qui peuvent et veulent exceller et se distinguer dans la carrière des sciences; tel un travail animal, et un travail sans autre organisation, dans chaque condition, que l'intérêt matériel des puissants, soit maîtres, soit employés; telles les charges arbitraires et non radi-
Impôt radical. calement communes des impôts. L'impôt, n'étant qu'un simple revenu, ne peut conséquemment naître que de revenus. Dans toutes espèces de sociétés radicalement animales ou matérielles, y a-t-il existence d'un tribut? Point de tribut sans homme, et avec l'homme point de tribut sans revenu. Un seul homme sur le globe n'aurait encore aucun revenu faute de commerce, d'échange avec ses semblables. La racine, la source de tout revenu est donc évidemment l'échange; d'où la seule multiplication du signe d'échange doit être seule l'objet base de

l'impôt, puisque cette multiplication est le seul revenu possible. Il y a des lieux comme des personnes dont le revenu net est zéro, et même au-dessous de zéro; il est donc impossible d'en tirer sans exaction aucun impôt : tels sont des déserts arides, des mers impénétrables, des enfants, des vieillards, et tous ceux dont l'existence pour la vie, l'apprentissage du devoir, le vêtement et le logement, ainsi que celle de leur famille, nécessite trop souvent plus que la consommation de leurs travaux. L'impôt sur eux établi peut être repoussé par les droits de l'homme dans sa naturelle défense. Tout homme à cet état de naissance sociale est le pupille des communes, qui seules représentent le gouvernement républicain. Certaines propriétés sont d'un revenu net de trois, quatre ou cinq du cent, c'est-à-dire que dans le même temps donné elles se représentent ou se multiplient trois, quatre ou cinq fois; si par supposition ce sont trois propriétés coûtant cent mille francs chacune, et que l'impôt soit du dixième du produit ou revenu net, qui est toujours la moitié du total de toute la production brute, elles payeront pour cent années : celle du rapport de cinq du cent, l'impôt de cinquante mille francs; celle du rapport de quatre du cent, celui de quarante mille francs, et celle du rapport de trois du cent, l'impôt de trente mille francs. Pour dix années, elles payeront cinq, quatre et trois mille francs, et pour une année, cinq, quatre et trois cents francs. Le capital des charges vénales et le capital mercantil s'accroissent de six du cent par an; donc, si l'impôt est du sixième du produit, il sera d'un franc par cent francs de capital. Quant aux rentes sans capital, retraites et honoraires, si l'impôt est du 5me, il sera de 20 fr. par 100 fr. de rente, de retraite et d'honoraire, et de même quant aux intérêts d'argent et rentes. Le seul mode républicain, répartitionnel, infaillible et radical d'impôt, est donc l'application du droit d'un nombre ou d'un chiffre déterminé au-dessous de celui de la production annuelle du capital :

égale ou au-dessus de cette production annuelle, ce serait concussion, et trop élevé, il serait contre la liberté. On ne peut trop le répéter : imposer les bras d'un malade, ceux d'un ouvrier sans pratique et sans ouvrage, imposer un désert, imposer la vague incertaine des flots, des objets d'une consommation indispensable, un air nécessaire, les arts et métiers souvent seuls moyens d'existence de l'homme, une industrie de nécessité, un animal qui crève, un luxe utile, en un mot, toute une société qu'il faut aider à secouer de dessus elle l'ordure de la misère, c'est admettre l'anarchie gouvernementale. On détruit tout mal en en détruisant les principes, et il est de fait constant que le principe de toutes nos révolutions est l'arbitraire, joug de servitude, qui sera toujours, dans tous les temps, brisé par l'homme le moins dégradé. En vain supposerait-on quelque préjudice fiscal pour prêt d'honneur ou purement de confiance. Quels pourraient être les fous capitalistes qui feraient ainsi leur commerce d'argent à la cachette, si la loi les punissait de la perte de leur capital, accompagnée au besoin d'autant de jours de prison qu'il y aurait de francs ainsi commercialement prêtés sans droit de fisc. Si bien, loin d'imposer les pupilles des communes, l'on considérait l'abîme du malheur dans lequel le pauvre se trouve plongé ; si l'on considérait qu'il est sans aucune autre ressource que ses bras seuls, rebuté des petites gens, et obérant les fortunes, loin de le laisser, dans son désespoir, courir à sa destruction et à celle des autres, ou, le fer et le feu à la main, se faire donner de quoi subsister, ne s'empresserait-on pas de créer un établissement considérable dans chaque commune, et propre à employer les bras du pauvre pour lui-même, quand il manque de travail ailleurs, où il toucherait son salaire quotidien, et dans ses besoins aurait droit de part aux produits communs de l'établissement, produits qui pourraient aussi rester en bourse pour les années malheureuses, quand les pauvres pourraient

Argent commercé.

Extinction de la mendicité.

s'en passer. Le pauvre, devenant moins malheureux, ne serait plus l'ennemi du riche.

Travail eclairé.

On objectera peut-être bien aussi qu'il ne faut pas être philosophe pour travailler. Sans parler d'aucun philosophe, la solution de l'objection est des plus faciles et même enfantine. L'enfant naissant périt sans culture, c'est-à-dire sans aucun soin. Qu'en faire donc dès sa venue parmi les hommes, sinon l'écolier de la matière, de lui-même, de ses devoirs et de ses droits? ou un philosophe? Mais s'il ne sait être philosophe, que sera-t-il? Un animal? Non; mais un homme sans culte, l'inconnu de Dieu, l'homme sans discernement de sa droite ou de sa gauche, buvant l'iniquité comme l'eau, et qui voyant tout d'un œil égal, ne cultive que les apparences de satisfaction de son insatiabilité, n'ayant point Dieu pour complément. Le devoir et le droit n'étant que de caprice, que d'habitude, que de convention pour lui, il s'ensuit, selon lui, qu'une société de voleurs a ses devoirs à remplir et ses droits à maintenir; que les lois entre ceux qui se les font, soit de pillage et de proscription, soit de dépouillement, font aussi leur droit et leur dictent aussi leurs devoirs, et ainsi de toutes les législations qui n'ont rien du tout emprunté du culte qui, dans sa perfection spéciale, va jusqu'à défendre la vente et l'achat du bien d'autrui pour un prix au-dessous de sa valeur réelle, en connaissance de cause; lois que les hommes n'ont pas le droit d'enfreindre, et sous le niveau desquelles, pour rester égaux en droit, il faut qu'ils soient égaux d'intérêts, et en concours certain ou éventuel, au prorata du capital actif. Tous les citoyens, ménageant ainsi leurs intérêts réciproques par une chance qui ne peut faire la ruine ni la fortune d'aucun d'eux, peuvent facilement encore détruire l'injuste cupidité d'un féroce égoïsme de réprobation. Flattez-vous donc, francs matérialistes, de ce que vous croyez vos bons marchés de moitié donnée par force; dévalisez aussi les voyageurs, c'est un aussi

Devoir et droit hors du culte.

Bien d'autrui.

beau coup de fortune. Le philosophe ne se dépouille guère ni ne dévalise personne ; il ne met aucun mérite à se gorger de fortune et d'honneurs, mais il jouit avec attachement de celle dont il est avantagé. Méprisant l'ignorance des hommes d'excès, il vit dans la simple vertu, et élève des enfants en leur apprenant à en élever d'autres dans toutes les connaisances et travaux nécessaires à la conservation de leurs plus grands intérêts. Tout aide sa volonté; la religion lui est connue, son travail est éclairé, son langage se comprend, et tout en lui se trouve en harmonie sociale. Loin d'accorder une aveugle confiance à tout vent de doctrine, il sait se garer contre toutes les mauvaises causes en sachant les connaître.

Pour ne rien devoir au lecteur, il reste à lui donner le moyen de s'expliquer la génération des âmes, les mystères du christianisme, la nature des monstres et ses songes.

Génération de l'Âme.

En examinant philosophiquement la matière, on voit que rien n'y est possible de rien, ou qu'il n'est produit aucun effet matériel, sans effets primitifs ou sans causes. Pour faire rien, il faudrait pouvoir faire le vide inconcevable de Newton ou les molécules organiques de Buffon. Il est bien malheureux que l'art et la sience ne naissent pas de telles molécules, soit du vide, soit du plein; le peuple, le philosophe et l'artiste auraient bien des heures de moins de travail et de perfectionnement; et l'absurdité du destin serait sagement le seul axiome de l'aveuglement philosophique. L'animation ne naît point de la matière que l'âme organise sitôt que l'orgasme (1) matériel du tronçon a équilibre avec l'orgasme d'autres corps : tels qu'une bouture, qu'une graine quelconque avec la terre, qu'une greffe avec son sujet, qu'un orgasme animal quelconque avec un autre orgasme animal, ou deux

(1) Orgasme signifie affluence de limon, sang, humeurs, matières raréfiées; et l'équilibre orgasmique n'est que leur égalité même de concrétion, même de sécrétion par l'animalisation.

orgasmes en équilibre, des formes duquel équilibre orgasmique sa cause prend soin. En calculant ce qu'est une greffe, une bouture, un tronçon, une graine, un germe, il faut absolument en revenir au terme générique et unique, tronçon, puisque toutes les parties quelconques d'un corps proviennent de sa totalité, et n'en sont que des parties détachées, soit comme superfluités, soit comme par accident. L'âme ou la cause du corps, ou qui l'organise, émanant elle-même de son même genre de cause, anime nécessairement la matière dès l'équilibre matériel, et est la seule cause de tous les effets de l'être nouveau, qui travaille alors la matière affluente qui ne peut avoir d'organes que par une cause extrinsèque. Quant aux faux germes, on ne peut les considérer que comme l'effet d'une cause susceptible d'un très-imparfait développement. Il est évident que la cause engendre elle-même la cause, tout comme elle fait donner au corps la matière nécessaire à la formation du corps ; car pourquoi serait-elle plus impuissante en son travail d'essence qu'en son travail matériel ? Il serait d'ailleurs ridicule et indigne de Dieu de croire qu'il se plaît à détruire et à multiplier, sans autres lois que par son activité divine, une infinité d'êtres en lesquels il a nécessairement mis toutes les facultés de leurs reproductions, tant spirituelles que matérielles. Dieu ne saurait s'abaisser à faire des esprits d'animaux selon le caprice de ces animaux, ni des âmes humaines (1), sauf rares exceptions, selon le caprice des hommes, et, ce qui serait plus ridicule encore, d'envoyer et de placer tous

(1) Si Dieu fait des âmes humaines par exception, telles que celles de Jésus-Christ, de la Vierge, et que celles qui ont été la figure de Jésus-Christ, pourquoi Dieu, qui est toute vérité et toute justice, a-t-il trompé les causes qui s'en croient mères ? On voit de suite que sa justice et sa vérité ne devant que ce qu'il a promis, il n'a jamais promis de ne point faire d'âmes. On voit encore que les élus de Dieu préfèrent l'ouvrage de Dieu au leur.

ces êtres sortant des perfections divines sous le pouvoir (1) arbitraire de l'homme. L'âme, demandera-t-on, est-elle toujours d'accord avec son corps, et produit-elle un esprit chaque fois qu'elle fait produire de la matière générique à son corps? Il doit nécessairement en être ainsi toutes les fois qu'elle arrive à mettre cette matière en l'équilibre précité; mais, soit par sa volonté, soit par vices corporels, si elle n'établit pas l'équilibre matériel, le tronçon primitif n'est pas plus animé que celui d'un bout d'ongle, ou d'un poil du corps, ou d'une feuille qui ont perdu leur adhérence à l'orgasme du corps qui les a portés, et qui n'en sont plus que des superfluités, des destructibilités matérielles. Cette animation, cette naissance spirituelle, cette adhérence d'âme à l'équilibre orgasmique, cette progéniture de l'âme et ses développements, soit mortelle, soit immortelle, soit éternelle, ne peut métaphysiquement se préciser que par cette axiome : *L'âme s'engendre en essence par loi d'équilibre orgasmique,* et se développe par affluences. C'est en ce sens légal qu'éternel comme son père qui a fait la loi, Jésus-Christ répondait aux Juifs en leur précisant sa cause éternelle, sa prédestination, sa cause et son identité divine : Je suis avant qu'Abraham fût. De cette manière on expliquera facilement l'enfance de l'âme; le mystère de la très-sainte Trinité et le double mystère de l'incarnation de Jésus-Christ dans le sein de la Vierge; la nature du St-Esprit, qui n'est que la cause légale entre Jésus-Christ et Dieu; le mystère de l'immaculée conception de la Vierge, cause et nouvelle Ève divine; etc. De cette manière l'on verra que la matière brute n'est d'aucun sexe, ni d'aucun genre, et qu'elle ne tient son sexe et son genre que de la cause qui l'organise;

Mystère du christianisme.

Sexes.

(1) Dieu ayant tout placé primitivement sous le pouvoir arbitraire de l'homme, pourquoi n'en ferait-il pas toujours autant? Parce qu'alors toutes ses œuvres étaient bonnes et parfaites, selon sa volonté, et que de suite l'homme perdit cette perfection.

et qu'une cause (1) n'engendre et n'organise jamais que son sexe et son genre, et fait une identité divine si elle émane de l'essence divine, fait un être féminin si elle émane d'une cause féminine, et un être masculin si elle émane d'une cause masculine; et fait un hermaphrodite ou un être à deux genres et deux causes, quand son émanation vient également des deux causes. Ce n'est qu'ainsi que l'on peut expliquer la différence des sexes. Etant sûr que l'homme, être immortel, doit par le culte recevoir l'identité divine ou la grâce de Dieu, ce qui n'existe pas pour les animaux, êtres qui sont anéantis dès leur destruction matérielle, nous concevons aussi que le monstre proprement dit n'existe pas dans l'amas ou l'arrangement de la matière; aucun arrangement de matière, quelque artistement composé ou quelque informe qu'il soit, n'est point vraiment un monstre. Les ouvrages matériels des mains des hommes et les ouvrages matériels de Dieu, n'étant simplement que des effets matériels de causes, restent intrinsèquement sans cause. La cause seule est donc et fait le monstre, qui n'est qu'un être de cause différent de son genre primitif d'essence. Si à un mode d'être matériel impur était annexée une cause humaine, on devrait lui appliquer les sacrements; car il ne faut pas croire qu'en résurrection glorieuse tous les corps seront semblables; étant d'ailleurs alors tous graciés, peu importe le mode d'être matériel. On en doit faire autant des fous; car

(1) Puisque la cause ne fait jamais que son sexe et son genre, pourquoi donc une mule n'organise-t-elle pas la race jument dans sa perfection? Parce que l'équilibre orgasmique n'étant pas pure jument selon la loi, et que la cause jument, s'identifiant néanmoins la loi, fait un être impur par sa matière, un être différent en espèce seulement de son genre habituel, un monstre matériel; et ainsi des autres monstres matériels, s'il en pouvait réellement exister dans la matière.

Si l'on disait qu'une âme juste doit créer une âme exempte de la tache originelle, on se tromperait; car l'âme et le corps graciés par les sacrements n'instituent pas ces sacrements, à l'exception de N.-S. Jésus Christ.

l'infirmité matérielle n'empêche pas le sacrement de détruire la monstruosité de la cause qui par lui reçoit sa grâce. Si l'être n'était qu'une décroissance dans l'espèce, ce serait tout simplement que la cause aurait manqué de matière pour l'organisation parfaite de son corps, ou que ce corps, étant organisé, aurait subi quelque accident. Si l'être était une accroissance dans l'espèce, cette accroissance ne serait que l'emploi, que l'organisation par la même cause d'un excès de matière ; tels, par exemple, qu'un corps géant, qu'un excès de graisse, qu'un membre de plus, ou toutes autres parties annexées aux autres parties principales, sans aucune autre utilité que l'emploi de la matière redondante. L'âme se trouve être monstre immortel toutes les fois qu'elle diffère en essence du genre primitif d'essence, du premier genre de création ou image de Dieu. Le mal fut si grand lors de son abandon à la monstruosité, que Dieu n'a pu le détruire que par sa propre essence, que par l'érection de son essence divine en culte, par Jésus-Christ, être de toutes perfections et de tous pouvoirs. N'y ayant point eu de monstruosités en Jésus-Christ, qui n'a jamais différé en rien du culte divin, il est clair que l'âme, qui a les pouvoirs de s'identifier, et qui s'identifie les attributs de Jésus-Christ ou son culte, détruit ses monstruosités, quelque grandes qu'elles puissent être. Il n'est pour l'âme d'autre essence que celle de l'enfer ou de la grâce.

Monstres.

Et l'univers complet, cette vaste matière,
N'étant même plus un seul grain de poussière,
Sans contenant, ni seul, l'esprit en liberté,
S'unissant de lui-même à son identité,
Type seul éternel du seul être suprême,
Égal en tout à lui jusqu'en son libre extrême,
Sera du vrai bonheur le tableau seul sans fin,
Tout plein d'allégresse, sans faute ni chagrin,
Et dont pour exprimer et l'éclat et la gloire,
La matière à l'esprit a cédé la victoire.

Mais s'il s'est séparé de ses légals devoirs,
Il n'aura plus en lui que tous les désespoirs;
Monstre et tout différent de la première essence,
Ne restant immortel que pour la suffisance,
Horreur de lui-même, à lui-même odieux,
S'il ne s'était fait monstre, il se serait fait Dieu.
Voudrait-il se détruire? en vain, c'est inutile;
Tous ses pouvoirs sont morts, même celui du crime.

Le calcul, rêve, songe ou vision pendant le sommeil, n'est en rien différent du calcul, rêve, ou tableau ou vue pendant le jour; l'essence de l'âme pénétrant toute matière, soit de temps, soit de lumière, soit de ténèbres, soit de distance, et tout autre, n'a besoin que d'elle-même pour les calquer en elle-même à son gre; et étant ainsi et absolument présente aux autres causes comme à elle-même, elle peut aussi calquer ces causes avec l'annexe matérielle qu'il lui plaît. L'œil n'a de lumière, l'oreille ne vibre de sons, l'odorat n'a d'odeurs, et le goût de saveurs, le tact ne s'irrite et le corps ne fait de mouvement, en l'état de sommeil, que dans la cause qui leur est annexée. Quant au but de la cause, elle n'en peut avoir d'autres dans ses calculs que la vérité, les vertus du culte, ou les erreurs, les libertinages de la monstruosité; car la cause libre trouvera toujours pour solution du problème : pourquoi mes vices, parce que je les ai voulus; et pourquoi mes vertus, parce que je les ai voulues; tous autres intérêts, passions et affections venant aboutir à ces deux seules grandes vérités finales. Dans l'état léthargique et extatique, la cause calcule les effets sans presque se servir de ses organes et annexes matérielles, et c'est pour cette seule raison qu'ils paraissent alors presque comme privés de leur moteur intégrant; car l'âme agite plus ou moins son corps, selon plus ou moins qu'elle s'en sert. Quant aux somnambules, tant naturellement qu'artificiellement, du nombre desquels sont encore ceux qui agissent corporellement en plein sommeil, ils ont Songes.

pour moteur et levier puissant de leur matérialité une âme peu forte, peu méditative, peu féconde en toutes espèces de calculs, et qui a le plus de besoin de son corps, qu'elle meut pour cette raison seule comme elle veut.

Quiconque voudra se donner la peine de se convaincre de ces vérités examine bien si l'homme qui veille est plus sage que l'homme qui dort, s'il n'a pas à chaque instant lieu de s'étonner, de s'effrayer, de s'appitoyer de ses calculs; s'il n'a pas lieu de dire à chaque instant: Je ne fais que des écarts, mes heures se perdent en vrais rêves, en velléités, en vrais songes, en fantômes, en faux calculs; je ne trouve que des misères où je calculais du bonheur, l'erreur me poursuit; et n'ai-je pas ainsi lieu de douter que ma raison soit saine? Quelle différence y a-t-il de satisfaire sa concupiscence soit en veillant, soit en dormant? La soif de l'or est-elle plus satisfaisante dans le malheureux qui veille que dans celui qui dort? Vaut-il mieux méconnaître le culte et se faire monstre en veillant qu'en dormant? Non sans doute; mais ce qu'il importe le plus, c'est de rectifier tous les écarts, et de vivre dans la vérité sans jamais l'abandonner ni jour ni nuit. C'est ainsi que les saints se sanctifient et prophétisent en la doctrine divine même pendant leur sommeil: tels les Joseph, Samuel, Daniel, les Paul et les saint Jean; tandis que les autres causes ne calculent que des chimères, puisqu'elles ne peuvent même expliquer leurs effets selon la doctrine de la vérité, ce dont les Pharaon et les Nabuchodonosor font preuve convaincante.

« Sur cette mer où nous courons,
» Songeons à nous pourvoir d'esquifs et d'avirons,
» A prévenir le gouffre, à prévenir l'orage,
» A sauver à tout prix l'homme de son naufrage. »

La Fontaine.

Admettre vide et plein,
C'est tout n'admettre rien ;
Si rien n'était possible,
Dieu serait impossible.
De la cause à l'effet
Il n'est point de secret ;
Point de néant pour cause :
L'effet est quelque chose ;
Avec sieur de Newton
Rangeons sieur de Buffon.
Molécule organique ?
Tout être mécanique !
Plus rien de libre enfin ;
C'est l'absurde destin.
Lamennais confond l'âme
De l'homme et de la femme
En un type commun !
D'un homme il fait trop d'un !

Vive la République !
C'est-à-dire la seule cause publique ou le culte de Dieu.

Poitiers. — Typ. de A. Dupré.

www.ingramcontent.com/pod-product-compliance
Ingram Content Group UK Ltd.
Pitfield, Milton Keynes, MK11 3LW, UK
UKHW021005180726
13838UKWH00003B/1454

9 782329 38521